DEEP LEARNING

深度学习
入门与实战

戴凤智
李芳艳　著
李宝全

NEURAL
NETWORK

PYTHON

 化学工业出版社

·北京·

内容简介

本书共 10 章。前 4 章是深度学习的基础，阐述深度学习的概念、算法基础和结构基础以及深度学习环境的配置方法和步骤。后 6 章是深度学习的实战部分，分别从 6 个不同的应用领域论述并分析如何通过改造深度学习模型或者利用不同的深度学习模型完成实际的工作任务，最终目的是希望通过这些科研成果与实践案例，使读者能够针对不同领域的科学技术问题逐步获得具有普适意义的工作思路和解决方法。

本书提供练习和参考答案，以及配套的演示文稿（PPT）电子课件，可以扫码获取本书配套资源，也可以从化学工业出版社化工教育（www.cipedu.com.cn）下载相关资源。

本书适合希望系统学习深度学习基础知识的初学者使用，也可作为高等院校人工智能、自动化类、电子信息类、机器人工程等相关专业的教学和实践类课程，以及控制科学与工程、电子信息等专业的硕士研究生工程案例教材使用。

图书在版编目（CIP）数据

深度学习入门与实战 / 戴凤智，李芳艳，李宝全著.
北京 ：化学工业出版社，2025. 5. -- ISBN 978-7-122
-47549-7

　Ⅰ．TP181

中国国家版本馆CIP数据核字第2025TA1378号

配套资源

责任编辑：周　红
文字编辑：袁　宁
责任校对：宋　夏
装帧设计：王晓宇

出版发行：化学工业出版社
　　　　　（北京市东城区青年湖南街 13 号　邮政编码 100011）
印　　装：北京云浩印刷有限责任公司
710mm×1000mm　1/16　印张 12½　字数 211 千字
2025 年 6 月北京第 1 版第 1 次印刷

购书咨询：010-64518888　　　　售后服务：010-64518899
网　　址：http://www.cip.com.cn
凡购买本书，如有缺损质量问题，本社销售中心负责调换。

定　　价：88.00元

在当今这个科技日新月异的时代，深度学习作为人工智能领域的璀璨明珠，不仅赋予了计算机前所未有的智能学习能力，更为生物医学、自动驾驶、自然语言处理及图像识别等众多应用领域开辟了一条前所未有的创新之路。2024 年，诺贝尔物理学奖与化学奖的桂冠分别加冕于那些在人工智能领域做出开创性理论贡献与应用突破的科学家们，这无疑是对深度学习重要地位的又一力证。此外，深度学习的发展已深刻地重塑了我们的日常生活模式与工作环境。

本书的作者之一，戴凤智博士，曾师从日本人工生命与机器人领域的先驱——日本大分大学的杉坂政典教授，其学术渊源深厚。笔者亦有幸与戴博士在中国仿真学会机器人系统仿真专业委员会、国际水中机器人联盟及国际先进机器人及仿真技术大赛等多个平台上展开交流与合作，深感他在深度学习与人工智能及其相关领域的探索中，始终走在教学与科研的最前沿。戴博士不仅作为专业负责人成功申报了"机器人工程"这一新兴本科专业，还作为项目负责人连续两度荣获天津市教学成果二等奖（2018 年、2022 年），其学术与实践成就斐然。

本书的编写团队兼具深厚的理论基础与丰富的工程实践经验，他们深谙初学者在学习过程中的困惑与挑战，因此，能够以简洁明了、深入浅出的方式引领读者逐步揭开深度学习的神秘面纱。从神经网络的基本概念，到卷积神经网络、循环神经网络等核心架构的阐述，他们均采用了循序渐进、层层深入的内容安排，确保读者能够逐步掌握这一领域的复杂知识。

鉴于深度学习与编程实践的紧密关联，实际操作成为理解其理论与算法不可或缺的一环。本书不仅提供了详尽的实验环境配置指南，还精心设计了多个实践案例，让读者在动手操作的过程中直观感受深度学习的魅力。这种"理论＋实践"的教学模式，正是初学者迈向深度学习殿堂的桥梁。

通过丰富的实例与细致的操作步骤，本书将原本枯燥的理论知识转化为生动有趣的学习体验，助力读者迅速入门并熟练掌握核心技能。因此，《深度学习入门与实战》一书，不仅是一部引领读者步入深度学习殿堂的指南，更是开启人工智能领域探索之旅的钥匙。无论您是初涉深度学习的新手，还是希望深度理解并拓展应用的从业者，本书都将为您的学习之旅提供坚实的支持与指引，助您在探索的道路上不断前行。

愿本书能够激发更多读者对深度学习的热情与探索精神，引领他们在未来的科技征途上不断追求卓越，勇攀高峰。

北京大学工学院教授
中国仿真学会机器人系统仿真专业委员会主任
国际水中机器人联盟主席
国际先进机器人及仿真技术大赛专家委员会主任
谢广明　2025 年 3 月

随着人工智能技术的飞速发展，深度学习已成为推动多个行业变革的关键力量。无论是在图像识别、语音处理、自然语言理解，还是自动驾驶技术中，深度学习的应用正在迅速扩展。然而，对于初学者或希望深入了解这一领域的工程师来说，深度学习背后的复杂理论与实际应用的有机结合往往是一个巨大挑战。

《深度学习入门与实战》一书的出版，正是为了帮助读者应对这一挑战。全书分为两大部分，上部是"深度学习入门"，下部是"深度学习实战"，力图通过理论与实践的结合，帮助读者系统地掌握深度学习的核心知识和应用技能。

在上部深度学习入门中，首先从基础概念入手，涵盖了深度学习的历史发展、核心特点和应用场景，并较为深入地讨论了神经网络的基本结构与工作原理。这部分是帮助读者理解复杂的深度学习理论，比如感知机模型和梯度下降法等经典优化算法。通过这部分的学习，读者将逐步打下坚实的理论基础，为后续的实战操作做好充分准备。

下部的深度学习实战则更注重算法的实际应用，提供了多个真实世界的应用案例，涵盖农业视觉检测、工业产品缺陷检测、不规范驾驶行为检测等多个应用场景。书中详细介绍了如何搭建深度学习的运行环境，并通过这些案例带领读者完成从数据采集、模型训练到结果分析的完整流程。此外，书中还包括了城市街景语义分割等跨学科的应用，帮助读者进一步掌握深度学习在复杂场景中的应用技能。通过这一部分，读者不仅可以亲身参与到解决实际问题的过程中，还能学会如何使用现有的工具和框架快速构建深度学习模型。

我现任旧金山州立大学计算机工程系助理教授，并担任移动智能计算实验室主任。本科毕业于天津科技大学电子信息与自动化学院自动化专业，在学习期间参加的科研项目和十年前的本科毕业设计正是师从本书的作者之一戴凤智老师，而且当时就受戴老师的指导并合作出版了《Arduino轻松入门》一书，深深体会到在学习中理论与实践相结合的重要性。得益于此，我随后相继在美国俄勒冈州立大学获硕士学位，在乔治梅森大学获得电子与计算机工程系的博士学位。在高效深度学习计算、边缘计算等方面具有广泛的研究经验，特别是在低功耗移动设备和边缘设备上加速深度学习的计算优化研究领域。这些研究得到了多项加州学术和工业项目的资助，例如加州州立大学 STEM-NET 跨学科协作研究种子资助计划（SEED grant program）以及索尼（Sony）传感解决方案大学合作计划（SSUP）等。此外还是美国国家科学基金委（NSF）资助的 IUSE 项目的共同主持人，该项目旨在为通过人工智能（AI）研究神经多样性的学生团队提供工作支持。本人同时教授多个本科和研究生课程，包括"设备端机器学习（on-device machine learning）"和"工程中的人工智能（AI in engineering）"等课程。这些成果很大程度上得益于自己从本科开始学习时得到的培养和训练。

综上所述，我非常高兴地接受戴凤智老师的邀请为本书作序。通过本书读者不仅能获得深度学习的理论基础，还能在实践中逐步掌握如何构建和优化深度学习系统。我相信，本书将为有志于探索深度学习不同应用领域的读者提供一个清晰而坚实的起点。

秦柱伟 博士

旧金山州立大学计算机工程系助理教授

2025 年 3 月

 **前言**

随着人工智能技术的快速发展，深度学习已经成为推动各行各业创新的重要驱动力。在计算机视觉、自然语言处理、智能推荐系统等很多领域，深度学习的成功应用案例已经不胜枚举。正如北京大学谢广明教授为本书的序言所写：2024 年，诺贝尔物理学奖与化学奖的桂冠分别加冕于那些在人工智能领域做出开创性理论贡献与应用突破的科学家们，这无疑是对深度学习重要地位的又一力证。

为了帮助读者更好地理解和掌握这一前沿技术，我们总结了科研实践案例，编写了《深度学习入门与实战》一书，旨在为读者提供系统的学习指导，并结合实际项目帮助读者将理论与实践相结合。

本书也是为了贯彻党的二十大提出的"深入实施人才强国战略"，按照"培养造就大批德才兼备的高素质人才，是国家和民族长远发展大计"的要求，编写新教材是必需的，也是紧迫的。党的二十大提出"实施科教兴国战略，强化现代化建设人才支撑"，指出要"开辟发展新领域新赛道，不断塑造发展新动能新优势"，并且要"加强基础学科、新兴学科、交叉学科建设，加快建设中国特色、世界一流的大学和优势学科"。

深度学习正是以人工智能算法和不同应用领域紧密结合为特征的关键核心技术，掌握深度学习的基础知识、算法原理和实践应用案例，将为国家提出的战略性新兴产业的发展壮大提供强有力的支撑。

我们编写本书的思路是：从深度学习的基础理论（前 3 章）出发引出实践的基本方法和环境配置（第 4 章），然后通过 6 个不同案例分别进行详细论述。其中，前三个实践案例（第 5 ~ 7 章）都是基于 YOLOv8 这一深度学习模型，旨在使读者针对不同领域的问题逐步产生出具有普适意义的工作思路和方法（即确保采用的技术是经典的、典型的，但针对不同领域所实施的技术是有所区别并在不断发展的）。后三个实践案例（第 8 ~ 10 章）则是采用了不同的深度学习模型应用于不同的领域，这既是对前三个实践案例的扩展，也是为了保证本书不因某一技术的更新迭代而失去价值，更是希望读者能够从本书中通过学习与实践提炼出在研究和工作时的有效思路和方法。

本书从结构上可以分为两部分。第一部分（第1～4章）是深度学习入门，从深度学习的基础知识开始，介绍神经网络的基本概念与原理，深入讲解感知器、梯度下降法、优化算法等基础内容，为后续的学习打下必要且坚实的理论基础。然后重点介绍了卷积神经网络这一在计算机视觉中广泛应用的深度学习模型，使读者理解其架构和工作原理。在这一部分中还详细介绍了搭建深度学习开发环境的步骤，使读者可以快速搭建起自己的深度学习实验环境，从而更加高效地进行学习与实践。在这些基础内容之后，本书的第二部分（第5～10章）是深度学习实战，着重于深度学习的实践应用。为此设计了六个基于深度学习的实战项目，旨在帮助读者将前面学到的知识应用到解决不同领域的实际问题中。通过这些涵盖了深度学习的多个应用领域的实战案例，读者不仅能掌握深度学习的核心技术，还能够体验如何使用深度学习技术解决具体的工程问题。

全书共分10章，主要内容和编写人员如下。

第1～4章由戴凤智、李芳艳负责，高一婷、宋运忠、王晟宇、王强、如孜古丽汗·麦提图尔荪参与编写。这是深度学习的入门部分，讲解深度学习的概念、算法基础和结构基础，以及深度学习环境的配置方法和步骤。

第5～10章由戴凤智、李宝全负责。其中，第5章介绍深度学习在检测黄花菜成熟度上的应用，主要编写人还有李芳艳、强晓永、彭淑环。第6章是深度学习在带钢表面缺陷检测上的应用，主要编写人还包括孙浩哲、龚浩然、刘岩。第7章是深度学习在不规范驾驶行为检测中的应用，主要编写人还有翟洪硕、陈晓艳、郭建川、王佳鑫。第8章是基于深度学习的城市街景语义分割，主要编写人还包括李华浩、牛东星、刘航。第9章是深度学习在声纹识别上的应用，由王琦琦负责。第10章是深度学习在新能源发电预测领域中的应用案例，由刘志峰负责。

本书是在中国仿真学会机器人系统仿真专业委员会、中国自动化学会普及工作委员会、中国人工智能学会智能空天系统专业委员会、中国机械工业教育协会机器人工程专业委员会和天津市机器人学会的指导下完成的。感谢北京大学谢广明教授和旧金山州立大学秦柱伟博士为本书作序。本书作者之一的戴凤智是从日本回国并于 2009 年在天津科技大学任教后和谢广明教授初见的，并与谢教授一直保持联系与合作，多名研究生派往北京大学接受谢教授的指导。秦柱伟博士是天津科技大学的毕业生，在校时参与了戴凤智的科研项目并且受其指导完成并获得优秀本科毕业设计。

本书在编写和修改过程中，得到了国家自然科学基金（62473282、52378254）、河南理工大学研究生教改课题"交叉学科维度下研究生学术品位提升研究"（2022YJ17）的支持。同时也获得了山西大同大学乔栋团队、北京富城航旅科技有限公司刘硕、天津天科智造科技有限公司边策，以及研发基于 PC 的软运动控制平台 KRMotion 的易控智能科技（天津）有限公司的校友王强等的指导与技术支持。

无论您是深度学习的初学者，还是希望将深度学习应用于实际问题的开发者，或者是以深度学习模型为基础开展进一步科学研究的人员，本书都将为您提供丰富的理论知识与实践经验。我们希望这本书能够帮助读者在深度学习的学习旅程中不断进步，并为人工智能领域的探索与创新打下坚实的基础。祝愿读者朋友在深度学习的道路上收获满满、取得成功！

如果您对本书在编写和内容方面有什么疑问，可以发邮件到 daifz@163.com 联系本书作者。由于我们水平有限，书中难免存在不足，敬请各位读者批评指正。

著者

目录

上部　深度学习入门

第3章

深度学习的结构基础
——卷积神经网络

027~040

下部　深度学习实战

第6章

第7章

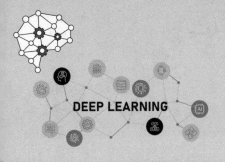

DEEP LEARNING

上部
深度学习入门

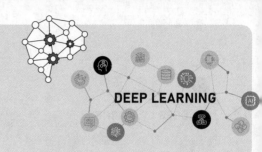

DEEP LEARNING

第1章
深度学习基础

学习
目标

- **熟悉：** 深度学习的概念，包括深度学习的发展、特点及其应用场景。
- **了解：** 神经网络的基本知识及其与深度学习的关系。
- **尝试：** 编写小程序实现利用神经网络进行数字的自动识别。

深度学习（deep learning）源于人工神经网络（artificial neural networks, 简写为 ANNs 或者 NNs）的发展。人工神经网络最初的概念可以追溯到 20 世纪 50 年代和 60 年代，当时科学家们试图通过模拟人脑神经元之间的连接方式来构建模型。然而，由于当时计算机的能力有限以及缺乏有效的训练算法，那些初期构建的神经网络模型并没有取得太大的成功或者只能应用于特定的场景。

随着计算能力的提升和研究方法的改进，神经网络在 20 世纪 80 年代和 90 年代经历了又一次复兴。但那时仍然存在许多挑战，例如"梯度消失"问题（可参看本书第 2 章）和训练时间过长等。这些问题导致神经网络的研究陷入了一段相对低迷的时期。

深度学习的崛起可以追溯到 2006 年，当时 Geoffrey Hinton 等研究者提出了一种称为深度信念网络（deep belief networks）[1]的新型神经网络结构，并引入了一种称为"无监督预训练"（unsupervised pre-training）的方法来解决梯度消失等问题。这一方法的提出使得训练深度神经网络变得可行，为深度学习的进一步研究与发展奠定了基础。

此后，随着大数据的普及、计算硬件的发展以及更加有效的训练算法的涌现，深度学习取得了巨大的进展。特别是在图像识别、语音识别、自然语言处理等领域，深度学习技术取得了突破性的成就，吸引了学术界和工业界的广泛关注和投入。

1.1　深度学习的概念

深度学习是一种基于人工神经网络的机器学习方法，它通过多层神经网络对输入的数据进行逐层抽象和表示学习，从而实现对复杂数据结构和非线性关系的建模。深度学习模型通常包含多个隐藏层（也叫中间层），每个隐藏层都有许多神经元。这些神经元通过不同权重的连接来模拟生物神经元之间的信号传递过程。利用大量的训练数据并通过适当的优化算法，深度学习模型就可以自动地学习到输入数据中的高层次特征，从而高效地完成一些复杂任务。

深度学习神经网络的核心思想是结合数据输入、权重和偏差，模仿人脑的工作方式，来识别、分类和描述数据中的对象。在结构上，深度神经网络由多个层次的节点组成，每个节点都建立在前一层的基础上，用以细化和优化预测或分类。因为存在很多种不同结构的深度学习模型，所以将在后面使用到的地方再展示相应的结构图。

当训练某个深度学习模型时，算法被传统地分为前向传播阶段和反向传播阶段。①首先是前向传播阶段。深度学习模型接收输入数据，并通过多个层次逐步处理数据，最终生成预测结果。这种通过网络进行的计算是前向传播（即从输入层到输出层的顺次向前的传播过程），其中输入层和输出层被称为"可视层"。当获得预测结果之后，前向传播阶段就结束了，立即进入反向传播阶段。②前向传播阶段获得的预测结果与真实值（或期望值）之间会存在误差，反向传播就是通过梯度下降等算法，利用各层反向传播函数的权重和偏差来调整模型以减少误差。这一过程因为是从深度学习模型的输出层反向逐步向输入层传播的，所以被称为反向传播阶段。这个过程可以使模型通过纠正误差而逐渐变得更加准确。

通过前向传播和反向传播的相互作用，深度学习模型可以进行预测并相应地纠正错误，逐渐提高准确性。这个过程需要大量的数据和计算资源，可以产生非常强大的预测和分类模型。

1.1.1　深度学习的发展简史

（1）早期的神经网络与感知机

神经网络最早可以追溯到 20 世纪 40 年代和 50 年代的简单线性感知机

（perceptron，也被称为感知器）。当时的神经网络仅包含一个输入层和一个输出层，主要用于解决简单的二分类问题，如线性可分的数据集。它们通过计算输入特征的加权和来决定输出。但受限于它的线性分类特性，所以无法处理非线性问题和复杂的任务。尽管如此，神经网络的概念为人工智能的发展奠定了基础。

（2）反向传播算法的突破

1986 年，Rumelhart、Hinton 和 Williams 提出了反向传播（back propagation，BP）算法。这一算法的引入极大地推动了神经网络的发展，使得多层（深度）神经网络的训练成为可能。通过计算输出层与真实标签之间的误差，并将该误差反向逐步传播至前面各层以更新权重，网络能够逐渐学习到数据的复杂特征。

（3）卷积神经网络的出现

1989 年，LeCun 等人提出了卷积神经网络（convolutional neural networks，CNN）。卷积神经网络通过卷积操作提取局部特征，通过模拟人眼视觉系统的层次结构，利用卷积层、池化层等结构，有效提取图像中的局部特征，并减少计算量，具有局部连接、权值共享等特点，适用于图像、视频等高维数据的处理。

（4）深度学习的爆发

前面提到了对深度学习模型的训练需要大量的数据和计算资源，而ImageNet 就是一个由华裔科学家李飞飞负责的团队于 2009 年提出的包括 1500万张图像、约 22000 类的数据集。从 2010 年到 2017 年，在全球范围内举办了以 ImageNet 数据集的部分子集为基础的视觉识别挑战赛（即 ImageNet 比赛），从中涌现出了很多优秀的深度学习模型。AlexNet 是 2012 年 ImageNet 比赛冠军 Hinton 教授和他的学生 Alex Krizhevsky 设计的，其卓越表现标志着深度学习时代的到来。它的深度结构思想、ReLU（rectified linear unit）激活函数、Dropout 正则化等技术成为后续深度学习模型的标准配置。

（5）循环神经网络与长短时记忆网络

循环神经网络（recurrent neural networks，RNN）通过引入循环连接来处理序列数据中的时间依赖性，但传统 RNN 模型在训练长序列时容易遇到梯度消失或梯度爆炸问题。长短时记忆（long short-term memory，LSTM）网络作为对RNN 的一种改进，通过引入遗忘门、输入门和输出门等机制，有效解决了这一问题，使得 RNN 在处理长序列数据时更加稳定可靠。

（6）生成对抗网络的创新

2014 年，Goodfellow 等人提出了生成对抗网络（generative adversarial

networks, GAN），通过在同一模型中的生成器和判别器之间的对抗训练，实现了从随机噪声中生成逼真数据的能力。这一模型在图像生成、视频合成、风格迁移等领域展现了巨大的潜力。

（7）自注意力与 Transformer 模型

2017 年，Vaswani 等人提出的 Transformer 模型是深度学习领域的一个重大突破，尤其是在自然语言处理（natural language processing, NLP）方面。该模型彻底摒弃了传统的循环神经网络（RNN）和卷积神经网络（CNN）结构，转而完全依赖于自注意力（self-attention）机制来处理序列数据。这种机制使得 Transformer 模型能够并行处理序列中的每个元素，从而极大地提高了计算效率，并且能够捕捉到序列中任意两个元素之间的依赖关系，而不仅仅是相邻元素之间的局部依赖。

Transformer 模型由编码器（encoder）和解码器（decoder）两部分组成，两者都大量使用了自注意力机制和多层感知机（multilayer perceptron, MLP）。由于 Transformer 模型的这些特性，它在自然语言处理领域取得了显著的成果，如在机器翻译、文本摘要、问答系统等任务中均表现出了优异的性能。

（8）大型预训练模型的兴起：BERT、GPT 等

继 Transformer 模型之后，基于其架构的大型预训练模型在 NLP 领域迅速崛起，成为当前的主流方法。这些模型通过在大规模无标注文本上进行预训练，学习到了丰富的语言知识和上下文信息，然后可以轻松地迁移到各种下游任务中，并通过微调（tuning）实现高性能表现。

BERT（bidirectional encoder representations from transformers） 是 Google 在 2018 年提出的一种预训练模型，它采用双向 Transformer 编码器结构，能够同时考虑上下文信息，从而学习到更丰富的词向量表示。BERT 的强大性能使得它在多项 NLP 任务中均取得了显著的成绩。

GPT（generative pre-trained transformer）系列模型则是由 OpenAI 推出的，采用单向 Transformer 解码器结构进行预训练，专注于文本生成任务。GPT 模型通过在大规模文本数据集上进行无监督学习，掌握了丰富的语言知识和生成能力。随着模型规模的增大和算法的改进，GPT 系列模型在文本生成、对话系统等领域展现出了越来越强大的能力。

这些大型预训练模型的出现不仅推动了 NLP 领域的发展，也为深度学习在其他应用领域带来了新的可能性。它们证明了通过在大规模数据集上进行无监督预训练，可以学习到通用的知识表示，并通过微调快速适应不同的任务需求。这种范式有望在未来继续推动深度学习技术的发展和应用。

1.1.2　深度学习的特点

深度学习模型及其算法具有以下几个显著特点。

① 多层次的特征表示学习。深度学习模型通过多个层次的神经网络结构来逐层学习数据的特征表示。这种分层学习的方式使得模型能够逐渐抽象和提取数据的高级特征，从而实现对复杂数据的有效表示。

② 端到端学习。深度学习模型通常可以直接从原始数据中进行端到端的学习，而无需手动设计特征提取器。这种端到端的学习方式可以更好地适应不同类型的数据和任务，并且减少了特征工程的工作量。

③ 大数据驱动。深度学习模型通常需要大量的数据进行训练，以获得足够的泛化能力。随着大数据的普及和互联网的发展，可以获取的数据规模不断扩大，这也为深度学习的发展提供了保障。

④ 自动特征学习。深度学习模型具有自动学习特征表示的能力，能够从原始数据中学习到更加有效的特征表示。这种自动特征学习的能力使得模型更加灵活，并且能够适应不同数据分布和特征表现形式。

⑤ 高度并行化。深度学习模型的训练和推断过程通常可以高度并行化，适合在 GPU 等硬件加速器上进行高效的计算。这使得深度学习模型能够处理大规模的数据和复杂的模型结构，并且能够在相对短的时间内进行训练和推断。

⑥ 适应性强。深度学习模型具有较强的适应性，能够适应不同类型的数据和任务。它们可以在图像识别、语音识别、自然语言处理、推荐系统等多个领域取得良好的表现，并且能够灵活地应对不同的应用场景和需求。

综上所述，深度学习具有多层次的特征表示学习、端到端学习、大数据驱动、自动特征学习、高度并行化和适应性强等特点，这些特点使得深度学习在各个领域取得了突破性的成果，并且成为了人工智能领域的重要技术之一。

1.1.3　深度学习的应用

深度学习模型的结构及其算法特点使得它在如下几个（但不限于）领域展现出了极大的优势。

① 计算机视觉。深度学习模型在图像分类、目标检测、图像分割、风格迁移、图像生成等任务中取得了超过传统方法的性能，极大地推动了计算机视觉领域的发展。

② 自然语言处理。深度学习技术在自然语言处理任务中取得了突破性进

展，如机器翻译、文本分类、情感分析、文本生成、问答系统等。预训练语言模型（例如 GPT、BERT 和文心一言等）基于深度学习技术，已成为自然语言处理领域的核心技术。

③ 语音识别与合成。深度学习使得语音识别技术的准确率大幅提升，为智能语音助手和语音识别服务提供了强大的技术支持。同时，深度学习技术还能够实现语音合成，生成极具真实感的人工语音。

④ 自动驾驶与机器人。深度学习在自动驾驶汽车的环境感知、决策规划等方面发挥了关键作用。结合多传感器数据（如摄像头、雷达）和深度学习模型，可以实时检测道路、行人、车辆等障碍物，确保行车安全。根据交通状况、目的地等信息规划出最优行驶路线。除了实现车辆的自主导航外，深度学习技术也为机器人的智能化发展提供了强大的支持，使得机器人能够更好地理解和适应复杂环境。

⑤ 推荐系统与协同过滤。深度学习技术在推荐系统中的应用，可以帮助企业更好地理解用户行为和需求，通过分析用户的历史行为和偏好，从而为用户提供个性化的商品、内容推荐。此外，基于用户与物品之间交互数据的推荐算法，能有效挖掘潜在的兴趣点。

⑥ 游戏智能。通过深度学习技术的不断试错和优化策略，人工智能（artificial intelligence, AI）能在游戏中学会复杂的策略和技巧，如 AlphaGo 在围棋中的表现。通过人工智能可以创建出与人类玩家对战的 AI 角色，进一步提升游戏的趣味性和挑战性。

⑦ 生物医学。利用深度学习可以加速药物的筛选过程，从而更快地发现新的药物候选分子，也可以辅助设计出更精准的基因编辑工具，如对 CRISPR-Cas9 系统的优化。此外，还可以进行医学影像分析（如 X 射线检查、CT、MRI）来辅助医生进行更准确的疾病诊断。

⑧ 金融风险控制与交易。深度学习技术在金融领域的应用，可以帮助企业进行风险评估和控制，进一步提高交易效率并降低金融风险。

1.2　神经网络的概念

神经网络也称为人工神经网络，是受到生物神经元启发而设计的数学模型。它是构建深度学习模型的基础，因此本节和下一节对本书将要用到的神经网络知识做简要的介绍。

生物神经元是通过突触连接和电化学信号传递来实现信息的处理和传输，并且在连接中存在着化学物质的影响。这些化学物质的影响类似于人工神经网络中各神经元之间的权重，而生物神经元也能够通过突触连接的增强或减弱来适应环境的变化，这被称为突触可塑性。人工神经网络正是模拟了这种连接方式和信号传递机制，通过不同权重的连接影响着信息在网络中的传播，而通常使用的非线性激活函数（如 sigmoid、ReLU 等）则用来增加网络的表达能力和学习能力。人工神经网络通常采用反向传播算法来实现对输入数据的分类、识别、预测和生成等任务。

1.2.1　人是如何识别数字的

人类具有惊人的数字识别能力，即使在面对各种形状和风格的数字时也能够快速准确地识别它们。如图 1-1 所示，尽管数字的书写风格多变（例如不同的数字"1"具有多种线条的方向、长度等），我们还是能一眼就识别出来。这是因为人类从婴儿时期就通过视觉和听觉来感知周围环境。随着时间的推移开始建立对数字的概念，然后逐步开始学习数字的符号表示。例如，数字符号"1"通常具有一个竖直的线条，而数字"8"则具有闭合的环状结构。通过这些特征人类可以快速识别数字，并且能够根据已经学习到的数字模式来识别新样式的数字。这种模式识别能力，使得人们能够在不同形式和风格的数字中迅速找到共同点，并将其归类为同一数字。这种经验积累包括从日常生活中接触到的各种数字形式，如手写数字、打印体数字，以及不同字体风格的数字等。

图 1-1　各种手写体的数字

针对图 1-1 中的各种数字，神经网络是如何识别的呢？这里就要提到神经网络的起源，由美国心理学家 Frank Rosenblatt 于 1957 年提出的感知机模型[2]。

它是一种简单的人工神经元模型，作为一种二分类器，它能够解决线性可分问题。而更为复杂的多层感知机 MLP，则是一种具有多个隐藏层的前馈神经网络，能够解决更为复杂的非线性问题。

1.2.2 感知机的提出

感知机首先接收输入数据，这些数据通常是一组特征向量。这些特征向量描述了待分类对象的不同属性或特征。

然后感知机使用一组权重（或称为权向量）与输入特征向量进行线性组合。具体而言就是将每个特征值与相应的权重相乘，并将这些乘积相加后得到一个加权和。

在得到加权和之后，感知机将其与一个阈值（或称为偏置项）进行比较。如果加权和大于或等于阈值，则感知机的输出为 1（或 "+1"），表示该对象属于正类；否则输出为 0（或 "−1"），表示该对象属于负类。

感知机的学习过程是通过训练数据来不断调整权重和阈值的。在训练阶段，感知机会根据分类错误来更新权重和阈值，以便在后续的分类中减少错误。这通常使用将在第 2 章介绍的梯度下降等优化算法来实现。

在训练完成后，感知机就可以使用学习到的权重和阈值对新的数据进行分类预测了。这个过程只需要将新的特征向量与权重进行线性组合，并通过阈值函数得到输出即可。

下面举一个生活中的例子。假设一家水果店中只有苹果和橘子这两种水果，如图 1-2 所示。我们的目标是根据水果的颜色和形状来快速区分它们并放在不同的货架上。

图 1-2　苹果和橘子

在这个例子中，我们可以将感知机视为大脑，而颜色和形状则是输入特征。

① 颜色（特征 1）。预先设置颜色的得分范围是实数 0 到 1，其中 1 代表颜色非常红，0 代表完全不红。因为苹果大多是红色，所以苹果的颜色得分比较接近 1。而橘子由于主要是橘黄色，所以颜色得分可能会较低，即接近 0。

② 形状（特征2）：预先设置形状的得分范围是实数 0 到 1，其中 1 代表完全圆形，0 代表完全不圆。因为苹果通常是圆形或接近圆形，所以苹果的形状得分接近 1。由于橘子通常具有椭圆形的特点，所以橘子的形状得分可能会较低，即接近 0。

对于颜色和形状这两个特征，如果觉得它们具有相等的重要性，那就可以分别给颜色特征和形状特征的权重各赋值为 0.5。但也可能会觉得它们的重要性是不同的，例如通常会觉得颜色更重要一些（例如占 70%），这是因为通过颜色更容易区分苹果和橘子。此时就可以给颜色特征一个较高的权重（例如 0.7），而给形状特征一个稍低的权重（0.3）。

与权值不同，另一个参数是阈值，它代表的是判断标准。我们可以先设定阈值为 0.5。如果根据颜色和形状计算出的加权和大于这个阈值，就认为这个水果是苹果；否则就认为是橘子。下面通过例子来具体说明，表 1-1 给出了预先设置的一些参数值。

表1-1　以颜色和形状为特征区分苹果和橘子时设置的参数初始值

内容	数值
颜色的得分范围	[0, 1]。其中 1 代表颜色非常红，0 代表完全不红
形状的得分范围	[0, 1]。其中 1 代表完全圆形，0 代表完全不圆
颜色的权重	0.7
形状的权重	0.3
区分苹果和橘子的阈值	0.5

当拿起一个水果时，我们首先观察它的颜色和形状。假设看到的水果颜色非常红，则颜色得分为 0.9，而形状是稍微有一点椭圆，所以形状得分为 0.2。根据表 1-1 给出的权重，可以计算出

加权和 = (颜色得分 × 颜色权重) + (形状得分 × 形状权重)

$$= (0.9 \times 0.7) + (0.2 \times 0.3) = 0.69$$

由于加权和 0.69 大于阈值 0.5（即 0.69−0.5 ＞ 0），所以会判断这个水果是苹果。

最初可能并不确定颜色和形状的权重应该是多少为合适，也不清楚将阈值设置为 0.5 是否正确。但是通过观察和经验（即训练数据），我们可以逐渐调整这些参数，使感知机慢慢地能够更准确地分类水果。

这个例子很好地展示了感知机的工作原理。也就是通过设定特征和对应的权重，以及一个阈值，我们可以对新的输入进行快速分类。而在实际情况中，

权重和阈值可能需要通过训练数据来学习和调整。上面因为是一个简化的例子，所以并未给出调整这些参数初始值的过程，后面在讲到的地方会给出详细的说明。

上面这个例子其实就是给出了感知机的算法，它是经典的神经网络模型，虽然只有一层神经网络，但前向传播的思想已经具备。描述感知机的映射函数见式（1-1）。

$$f(x) = \text{sign}(\omega x + b) \qquad (1\text{-}1)$$

将数据代进去计算可以得到输出值，通过比较输出值和数据原本对应的标签值是否正负号相同，从而推断出模型训练的结果。其中，$f(x)$ 是感知机的输出，ω 是权重向量（表示每个特征对分类结果的影响程度，它的维度与输入向量 x 相同），x 是输入的特征向量值（包含样本的特征值），b 是偏置项（实数，也称为截距项，表示分类决策边界与原点之间的偏移量）。ωx 是 ω 和 x 的点积，即 $\omega_1 x_1 + \omega_2 x_2 + \cdots + \omega_n x_n$，其中 n 是输入特征的数量。sign 是符号函数，定义为式（1-2）。

$$\text{sign}(x) \begin{cases} 1, x > 0 \\ -1, x < 0 \end{cases} \qquad (1\text{-}2)$$

在上面提到的区分苹果和橘子的例子中，式（1-1）中的 $\omega x + b$ 即为

$$[(0.9 \times 0.7) + (0.2 \times 0.3)] - 0.5$$

感知机通过找到一个超平面（在二维空间中为一条直线，三维空间中为一个平面，高维空间中为超平面）来划分正负样本，见图1-3。这个超平面由权重向量 ω 和偏置项 b 确定，数学上表示为 $\omega x + b = 0$。如果 $\omega x + b > 0$，则感知机将样本分类为正类（通常标记为 +1）；如果 $\omega x + b < 0$，则感知机将样本分类为负类（通常标记为 −1）。

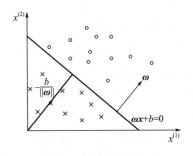

图1-3　感知机模型

在训练感知机时，通常使用梯度下降或其变种来迭代地更新权重 ω 和偏置 b，这样做的目的是将分类错误最小化。当训练数据线性可分时，感知机学习算法是收敛的，并能找到一个将训练数据完全正确分类的超平面。然而，当训练数据线性不可分时，感知机学习算法可能会陷入无限循环。为了解决这个问题，可以使用一些变种算法，如口袋算法（pocket algorithm）或支持向量机（SVM）。

1.3　神经网络的应用

神经网络[3]是一种模拟生物神经网络结构和功能的计算模型，用于对函数进行估计或近似。它们由大量的神经元（或称为节点、单元）互连而成，这些神经元之间通过连接（权重）进行信息传递和交互。下面给出一些与神经网络有关的名词和知识点，为本书后面的讲解提供参考。

① 人工神经元（neuron）。神经元是神经网络的基本单元，它接收一个或多个输入，对输入进行加权求和，并应用一个激活函数来产生输出。在神经网络中，神经元也可以被称为人工神经元。

加权求和：每个输入都与一个权重相乘，然后再将所有的这些结果相加后得到一个净输入。

激活函数：将净输入转换为一个输出值。常见的激活函数包括 sigmoid、ReLU、tanh 等。

② 层（layer）。神经网络由多个层组成，包括输入层、隐藏层和输出层。

输入层：接收外部数据，并将其传递给隐藏层。

隐藏层：位于输入层和输出层之间，负责处理数据并学习数据的表示。一个神经网络可以有一个或多个隐藏层。

输出层：产生神经网络的最终输出。对于分类问题，输出层通常使用 softmax 函数来产生概率分布；对于回归问题，输出层可能直接输出预测值。

③ 连接（connection）。神经元之间通过连接进行信息传递。连接具有一个权重值，用于调整输入信号的大小和方向。权重值在训练过程中通过反向传播算法进行更新，更新的目的是使预测输出与实际输出之间的误差最小化。

④ 前向传播（forward propagation）。在训练或测试过程中，输入数据从输入层开始，逐层向前传播，经过加权求和与激活函数的处理，最终产生输出层的输出。

⑤ 反向传播（back propagation）。反向传播是神经网络训练的核心算法，用于计算损失函数对权重的梯度，并根据梯度更新权重值。在反向传播过程

中，首先计算输出层的误差（预测输出与实际输出之间的差异），然后将误差逐层反向传播到隐藏层和输入层，以计算各层权重的梯度。

⑥ 损失函数（loss function）。损失函数用于衡量预测输出与实际输出之间的差异。对于不同的任务，可以选择不同的损失函数，如均方误差（MSE）用于回归问题，交叉熵损失（cross-entropy loss）用于分类问题等。

⑦ 优化算法（optimization algorithm）。用于根据损失函数的梯度更新权重值。常见的优化算法包括随机梯度下降（SGD）、动量（momentum）、Adam 等。

以上给出了神经网络的主要知识点。在实际应用中，神经网络的结构可以非常复杂，包括卷积神经网络（CNN）、循环神经网络（RNN）、长短时记忆网络（LSTM）等变体，以适应不同的任务和数据类型。

1.3.1　感知机模型

图 1-4 为单个的感知机模型（也可以称为感知器）。它总共有三层，最左边的一层是输入层（input layer）。输入层中的神经元被称为输入神经元（input neurons），它们负责接收来自外部世界的数据或特征。这些数据可以是原始数据，也可以是经过预处理或特征工程处理后的数据。输入神经元的数量通常与输入特征的数量相同，图 1-4 中的感知机输入层有三个神经元。

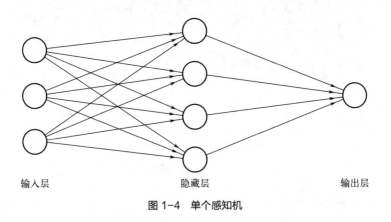

输入层　　　　　　　　　隐藏层　　　　　　　　输出层

图 1-4　单个感知机

最右边的一层是输出层（output layer），它包含了输出神经元（output neurons）。输出神经元负责产生神经网络的最终输出。对于不同的任务，输出神经元的数量和性质可能会有所不同。例如，在分类任务中，输出神经元可能会使用 softmax 函数来产生类别的概率分布；在回归任务中，输出神经元可能直接输出一个预测值。图 1-4 中的感知机输出层有一个神经元。

在输入层和输出层之间有一个隐藏层（hidden layer）。隐藏层中的神经元被称为隐藏神经元。隐藏层负责对输入数据进行处理，并学习输入与输出之间的复杂关系。通过调整隐藏层中神经元的数量和连接权重，神经网络可以学习并表示复杂的数据模式和结构。图 1-4 中的感知机隐藏层有四个神经元。

图 1-4 的感知机模型是最简单的神经网络模型结构。整个神经网络（包括输入层、隐藏层和输出层）以及它们之间的连接权重和激活函数，共同决定了神经网络的性能。通过训练（使用训练数据来调整权重和参数），神经网络可以学习如何对新的、未见过的数据进行准确的预测或分类。

图 1-4 的网络只有一个隐藏层，而有多个隐藏层的网络将具有更大的能力。如图 1-5 所示有两个隐藏层，这样的多层网络被称为多层感知机（MLP）。

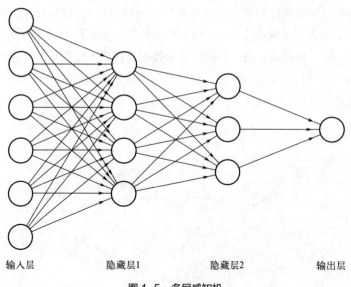

图 1-5　多层感知机

目前提到的神经网络都是信息在网络中只向一个方向流动，从输入层经过一个或多个隐藏层流向输出层。每一层神经元接收前一层神经元的输出，在经过计算处理后将其传递给下一层神经元，直到最终到达输出层。这样的网络被称为前馈神经网络（简称前馈网络）。

前馈网络中不存在循环或反馈的连接，即信息不会从输出层或其他层流回到输入层或前面的隐藏层。需要指出的是，前面提到的反向传播是指计算输出层的误差，然后将误差逐层反向传播到隐藏层和输入层以计算各层权重的梯度。因此反向传播只是一个计算的过程，并不是在网络中存在从输出到输入的连接，所以前面提到的网络也属于前馈网络。

有时我们会遇到输入取决于输出的情况，因此需要一种具有循环结构、允许信息在网络内部循环流动的神经网络，这种网络叫作递归神经网络（recurrent neural networks，RNN），也可以称为循环神经网络。RNN 中的神经元不仅可以接收其他神经元的信息，还可以接收自身上一个时刻的输出信息。递归神经网络在理论上具有处理序列数据和捕获时间依赖性的强大能力，但在实践中它的学习算法面临着一些挑战，如梯度消失和梯度爆炸问题，这限制了它对长期依赖性的学习能力。

在本书中我们主要关注前馈网络，因为前馈网络在多个领域中都取得了广泛的应用和成功，包括图像识别、分类和回归等问题。此外，前馈网络的学习算法（如反向传播算法）相对成熟和稳定，也易于实现和优化。因此，对于初学者和想要深入了解神经网络的人来说，前馈网络是一个很好的起点。

1.3.2　能够识别数字的神经网络

LeCun 等构建的用于手写数字识别的 LeNet 网络模型[4] 是卷积神经网络（CNN）的第一个成功案例。如图 1-6 所示，我们以神经网络对手写数字的分类为例来说明神经网络是如何工作的。

图 1-6　手写的数字

首先如图 1-7 所示，需要把图 1-6 中的每一个数字分割为独立的图像去识别。如果每个数字的图像长度和宽度均为 28 个像素，那么一个数字图像就包括 28×28=784 个像素。为了识别每一个数字，我们构建了一个三层的神经网络。这个网络如图 1-8 所示，由输入层、隐藏层和输出层组成。其中，输入层包含 784 个神经元，分别用于输入每个数字图像的 784 个像素值。隐藏层包含 15 个神经元。输出层的神经元个数是 10 个，分别代表数字 0 ～ 9。

图 1-7　分割手写数字

输入层的作用是接收原始数据。如图 1-8 所示，输入数据是 28×28=784 像素的手写数字图像。每个像素的灰度值被映射到一个输入神经元，因此输入层包含 784 个神经元。这些神经元的值范围在 0.0 到 1.0 之间（0.0 表示白色，1.0 表示黑色，中间的数值表示不同程度的灰色）。

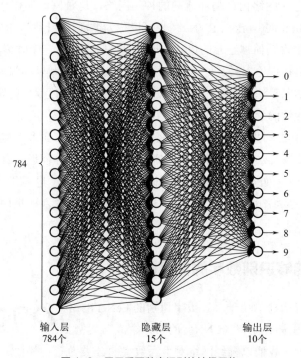

图 1-8　用于手写数字识别的神经网络

隐藏层负责提取输入数据中的特征。在这个三层神经网络中，隐藏层包含 n 个神经元（n 是可以调整的参数），这个值的选择可以基于实验和优化。这里我们设置 $n=15$，隐藏层通过加权求和与激活函数 ReLU 来处理输入数据并生成特征表示。

输出层包含 10 个神经元，每个神经元对应一个数字（0 到 9）。输出层使用 softmax 激活函数，将每个神经元的输出转换为概率分布。最高概率的神经元表示网络的预测结果。由此就可以得到某个手写数字图像中数字的识别结果。

上面的描述是利用神经网络进行手写数字识别的主要步骤，但并未给出详细过程。本章是通过该案例引出神经网络模型的基本结构和算法，对于更为复杂的神经网络结构，即深度学习的应用将在本书的后面几章中分别进行详细的说明。

深度学习入门与实战

1.4 本章小结与练习

工欲善其事，必先利其器。面对日新月异的深度学习结构升级和应用场景的不断拓展，我们必须做好知识储备，随时为更深入的研究、实践与创新做好准备。而掌握深度学习的基本原理是基础。

本章作为深度学习的入门知识，首先通过介绍深度学习的发展简史、深度学习的特点及其应用场景，引出了深度学习的概念。然后分析了人是如何识别手写体数字的，进而在希望通过计算机进行手写数字自动识别时引出了神经网络中的感知机的概念。感知机是最简单的神经网络，而神经网络是深度学习的基础。本章的 1.3 节进一步给出了单个感知机和多层感知机的结构，并简要介绍了利用神经网络进行手写体数字识别的步骤。在此基础上，下一章将介绍深度学习的基本算法，即梯度下降法。

此外，为了便于使用本书进行学习，附录列出了在书中出现的常用英文缩略语、对应的英文全称及其中文意思，在阅读本书时可以随时参阅使用。

本章练习

1. 简述深度学习的概念。
2. 神经网络包括哪些主要组成部分和知识点？

参考文献

[1] Hinton G. A practical guide to training restricted boltzmann machines [J]. Momentum, 2010, 9(1): 926-947. DOI:10.1007/978-3-642-35289-8_32.

[2] Bishipc M. Pattern recognition and machine learning (information science and statistics) [M]. New York: Springer, 2007.

[3] Nielsen M A. Neural Networks and Deep Learning [M]. Determination Press, 2015.

[4] LeCun Y, Bottou L, Bengio Y, et al. Gradient-based Learning applied to document recognition [J]. Proc IEEE, 1998, 86(11): 2278-2324.

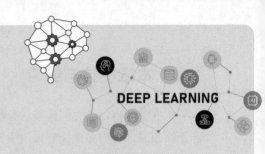

第 2 章
深度学习的算法基础——梯度下降法

学习
目标

● **熟悉：** 梯度下降法的原理、定义，及其几种基本类型。

● **了解：** 几种典型的自适应优化算法。

● **尝试：** 编写小程序实现梯度下降法。

第 1 章介绍了深度学习的一些基本概念，并指出神经网络（特别是卷积神经网络）模型是深度学习的结构基础（深度学习的结构将在第 3 章详细介绍），而梯度下降法能够解决在训练神经网络时出现的梯度消失等问题。

本章介绍深度学习的算法基础，即梯度下降法及其几种变形。本章并没有对这些算法进行完整的理论推演和公式推导，我们只需要了解这些算法的使用场景以及它们各自的优缺点即可。在本书后面章节中用到时还将给予必要的说明。

梯度下降法是用于优化目标函数的参数、通过迭代更新使得目标函数逐步逼近极小值的一种算法。它在机器学习和深度学习中广泛应用于模型参数的训练和优化。

2.1 梯度下降法的定义

可以将梯度下降的思想比作一个下山的过程。我们将一个可微分的函数想象成一座山，如果我们的目标是尽快地找到这个函数的最小值，那么就是要找

　深度学习入门与实战

到山底在哪里。我们知道，最快的下山方式是找到从当前位置出发的最陡峭的下山方向，然后沿着此方向往下走。对应到函数中就是要找到给定的某一点的"梯度"，而朝着梯度下降的方向就是通过计算得到函数值下降最快的方向。

因此求取梯度就确定了最陡峭的方向，即梯度的方向就是函数值变化最快的方向。如果我们重复利用这个方法反复求取梯度，那么最后就能到达一个函数的局部最小值，这就类似于我们下山的过程。

神经网络可以被视为一个从输入空间 X 到输出空间 Y 的映射函数 $f(X)=Y$。这个映射函数的具体形式由神经网络的架构（如层数、每层的神经元数量、激活函数等）以及网络的参数（权重 ω 和偏置 b）决定。

当我们说"训练神经网络"时，其实就是调整这些参数（主要是权重 ω），使得对于给定的输入 X，网络的输出 $f(X)$ 能够尽可能接近真实的目标值 Y。这个过程通常是通过计算一个损失函数（如均方误差、交叉熵等）来实现的，该损失函数衡量了网络输出与真实值之间的差距。

在训练过程中，我们使用一种叫作反向传播（back propagation）的算法来计算损失函数关于网络参数的梯度，然后使用优化算法（如梯度下降、Adam等）来更新这些参数，以最小化损失函数。这个过程会进行多次迭代，直到网络的表现达到预设的标准或不再有明显的性能提升。

一旦神经网络的参数被训练好，它就可以用来对新的、未见过的输入数据进行预测或分类了。这时，我们只需要将新的数据输入到网络并通过前向传播过程，即可得到对应的输出值。而这个输出值就是网络对输入数据的预测或分类结果。

下面用一个实例来解释。见图2-1，我们需要用一条直线 $y=\omega x+b$ 来拟合图中的这些点。所谓拟合，就是这条直线最能体现出这些点的位置。换句话说，就是这条直线距离所有这些点的误差之和是最小的。已知权重 ω，为了找到最佳的截距 b 使得点到直线的均方误差最小，我们可以使用梯度下降法来进行处理。

损失函数可以定义为

$$L=\frac{1}{2}\sum_{i=1}^{n}[y_i-(\omega_i x-b)]^2=\frac{1}{2}\sum_{i=1}^{n}[b^2+2(\omega x_i-y_i)b+(y_i-\omega x_i)^2] \qquad (2\text{-}1)$$

在式 (2-1) 中，系数 $\frac{1}{2}$ 的作用是方便后面计算。n 是点的总个数，y_i 是每个点的实际的纵坐标值。

式（2-1）化简之后是损失函数 L 关于 b 的二次函数。为了找到最佳的截距 b，我们需要最小化损失函数 L。通过对 L 求导并设置导数为零可以找到解析解。假设我们随机给定一个 b 值，看它能不能通过迭代优化的方式找到最佳的值。

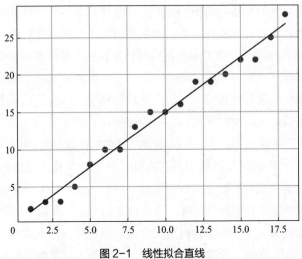

图 2-1　线性拟合直线

首先我们需要求出当前点的导数，即 $\dfrac{\mathrm{d}L}{\mathrm{d}b}$，然后再乘以一个常数 ε。ε 也称为学习率，用来控制梯度下降的步长，一般是根据经验人为设定。根据导数和学习率来调整 b，更新公式为 $b_1 = b_0 - \varepsilon \dfrac{\mathrm{d}L}{\mathrm{d}b}$，得到比初始损失函数更小的值。根据更新后的 b 值调整拟合直线，然后继续迭代，当优化到最低点的时候斜率为 0，这时的 b 值就是最佳值，至此优化过程结束。这就是梯度下降法，优化过程如图 2-2 所示。

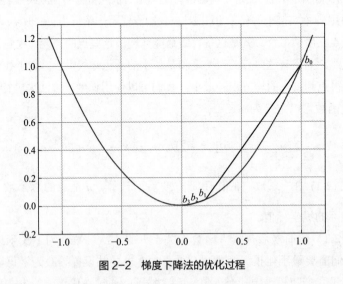

图 2-2　梯度下降法的优化过程

综上所述，我们给出梯度下降法的定义：梯度下降法是一种用于优化和寻找函数最小值的迭代算法。它在机器学习和深度学习中广泛用于训练模型和调整参数，用来最小化损失函数。梯度下降法通过不断调整函数的参数，逐步逼近目标函数的最小值。其基本思想是沿着函数梯度的下降方向逐步移动参数，直到达到函数的局部最小值或全局最小值。

在上述例子中，损失函数 L 对 b 的依赖是线性的，但梯度下降法同样适用于更一般的非线性优化问题。例如，当拟合更复杂的模型时可能需要同时优化多个参数，如图 2-3 所示就是需要一条具有更多参数的曲线去拟合这些点。

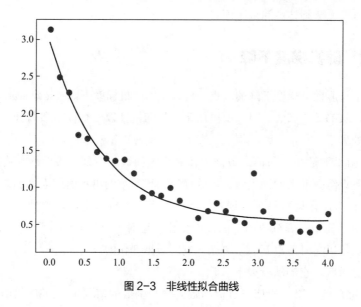

图 2-3　非线性拟合曲线

2.2　梯度下降法的类型

一个深度学习模型的成功与否在很大程度上取决于其优化算法的选择和调整。优化算法负责更新网络中的权重，以最小化损失函数来提升模型的预测能力。在众多优化技术中，梯度下降法是使用最为广泛的基础算法。梯度下降法在发展的过程中产生出了很多不同的类型。

2.2.1　批量梯度下降

批量梯度下降（batch gradient descent, BGD）[1] 使用整个训练数据集来计算损失函数的梯度，也就是在每一次迭代时都使用所有的样本来进行梯度的更新。它的优点如下。

① 一次迭代是对所有样本进行计算，此时利用矩阵实现了并行操作。

② 由全数据集确定的方向能够更好地代表样本总体，从而更准确地朝向极值所在的方向。当目标函数为凸函数时，该方法一定能够得到全局最优。

与此对应，它的缺点如下。

① 当样本数目很大时，由于每迭代一步都需要对所有样本进行计算，因此训练速度会很慢。

② 局部最小值和鞍点。虽然批量梯度下降可以稳定地收敛，但它也更容易陷入局部最小值或鞍点，因为它总是沿着当前梯度最陡峭的方向下降，而这一方向可能无法到达全局最小值。

2.2.2 随机梯度下降

为了克服批量梯度下降的缺点，可以采用随机梯度下降（stochastic gradient descent，SGD）[2] 算法，即每次更新系数只随机抽取一个样本参与计算。这样做的好处如下。

① 由于不是在全部训练数据上计算损失函数，而是在每轮迭代中随机优化某一条训练数据上的损失函数，这样每一轮参数的更新速度大大加快。

② 该方法在处理每个数据实例后都执行一次权重更新，这使得我们可以立即观察到模型在训练数据上的性能变化。这对于调试和快速反馈非常有用，因为我们可以实时地看到模型是如何响应数据变化的。

与此对应，它的缺点如下。

① 准确度下降。即使在目标函数为强凸函数的情况下，SGD 仍旧无法做到线性收敛。

② 可能会收敛到局部最优，这是因为单个样本并不能代表全体样本的趋势。

③ 不易于实现并行处理。

2.2.3 小批量随机梯度下降

小批量随机梯度下降（mini-batch gradient descent, MBGD）是在批量梯度下降和随机梯度下降的基础上提出的优化算法。它结合了批量梯度下降和随机梯度下降的优点，既考虑了模型的泛化能力，又提高了训练速度。

在训练深度学习模型时，小批量随机梯度下降法通常每次迭代使用一个较小的数据子集（即"小批量"）来更新模型的权重。这种方法可以减少梯度估计的噪声，使学习过程更加稳定，同时保持较快的计算速度。它的优点如下。

① 通过矩阵运算，每次在一个批量（batch）上优化神经网络参数并不会

比单个数据慢太多。

② 每次使用一个批量可以大大减少收敛所需要的迭代次数，同时可以使收敛到的结果更加接近梯度下降的效果。

③ 可实现并行化来加速训练过程。

与此对应，它的缺点如下。

① 批量的大小（batch_size）如果选择不当可能会带来一些问题。如果过小可能导致梯度估计的噪声过大，进而增加了学习过程的不稳定性；而过大则可能导致计算量增加，进而降低了训练速度。因此需要根据实际情况选择合适的批量大小。

② 需要调整学习率。与随机梯度下降法一样，此算法也需要调整学习率来确保算法能够稳定地收敛。学习率的选择也需要根据实际情况进行调整。

图 2-4 显示了以上三种梯度下降法的收敛过程。

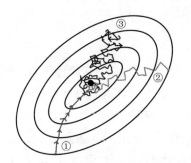

①批量梯度下降
②小批量随机梯度下降
③随机梯度下降

图 2-4　三种梯度下降法的收敛过程

2.2.4　动量随机梯度下降

在深度学习的网络训练过程中，参数空间的损失函数（或目标函数）的形状往往非常复杂，分布着各种"山脊"和"山谷"。这些"山脊"和"山谷"对应于损失函数的不同局部最小值。深度学习模型的复杂性会造成多个局部最小值，而全局最小值往往难以寻找。这就导致了训练过程可能会陷入局部最优解，使得神经网络的性能无法达到全局的最优水平。为了解决这个问题，在随机梯度下降法的基础上引入了动量随机梯度的改进算法。

动量随机梯度下降（stochastic gradient descent with momentum，SGDM）是将上一步的梯度累加到当前样本梯度之上，形成最终的梯度向量。如果当前的梯度与前一个时刻的梯度方向相同，那么当前的梯度将会被加强，从而加速收敛；如果当前梯度与前一时刻的梯度方向不同，那么当前的梯度将会被削弱，从而抑制振荡，如式（2-2）所示。其中动量超参数 γ 就是对原始速度方向的保留量，满足 $0 \leqslant \gamma < 1$。当 $\gamma = 0$ 时，动量随机梯度下降法等价于小批量随机梯度下降法。

$$v_t = \gamma v_{t-1} + \varepsilon_t g_t, \quad \theta_t = \theta_{t-1} - v_t \tag{2-2}$$

动量随机梯度下降的优点如下。

① 加速收敛。通过引入动量可以加速参数的更新过程，使得算法更快地收敛到最优解。

② 抑制振荡。由于动量的引入，使得算法在更新参数时能够平滑地过渡，进而减少振荡现象的发生。

然而，动量随机梯度下降也存在一些缺点。例如：

① 该算法需要调整动量参数和学习率等超参数，而这些参数的选择对算法的性能有很大影响。

② 由于引入了动量项，使得算法的计算复杂度相对于 SGD 有所增加。

2.3　自适应优化算法

上节介绍了几个最基本的梯度下降法，包括批量梯度下降（BGD）、随机梯度下降（SGD）和它们的变体。BGD 在每次迭代时都要使用整个数据集的梯度，这通常能够保证得到稳定的收敛路径，但计算成本高昂。SGD 则采用单个样本的梯度进行权重更新，具有较快的计算速度，但收敛路径的波动较大。这些从图 2-4 的收敛过程曲线就可以看出。而带动量的梯度下降法能够通过积累之前的梯度来平滑这些波动，使得学习过程更加平稳。

尽管上述方法在实践中得到了广泛应用，但它们在学习率选择上存在敏感性问题，不恰当的学习率会阻碍模型的有效学习。为了解决这一问题，研究者们提出了一系列的自适应学习率方法。

2.3.1　AdaGrad 算法

针对简单的 SGD 及动量存在的问题，2011 年，John Duchi 等提出了 AdaGrad（adaptive gradient algorithm）[3] 这一具有自适应学习率的优化算法，它的核心思想是对不同的参数使用不同的学习率进行更新，并且对频繁变化的参数以更小的步长进行更新，而稀疏的参数则以更大的步长进行更新。这些是基于梯度在历史迭代中的平方和来进行调整的，从而实现"自适应"的学习率。AdaGrad 的更新规则如下。

① 初始化所有参数 θ 的梯度累积变量 $r = 0$（通常是一个与参数同维度的向量）。

② 从训练集中采集小批量的 m 个样本 $\{x_1, x_2, \cdots, x_m\}$，对应目标为 y_i。

计算目标函数关于当前参数的梯度 $g_t = \dfrac{1}{m} \nabla_\theta \sum_i L\big[f(x_i, \theta), y_i\big]$；

更新梯度累积变量 $r_t = r_{t-1} + \sum (g_t)^2$（逐元素进行 g_t 的平方运算，然后累加到 r 中）；

更新参数 $\theta_{t+1} = \theta_t - \dfrac{\varepsilon}{\sqrt{r_t + \eta}} g_t$。其中 ε 是全局学习率，η 是一个很小的常数（用来稳定数值计算，通常设置为 10^{-8} 或类似大小的值）。

AdaGrad 的优点在于它能自动地为每个参数调整学习率，从而避免了手动调整学习率的困难。然而，AdaGrad 也存在一些缺点。

① 学习率单调递减。由于 r_t 是累积的梯度平方和，因此随着迭代次数的增加，学习率 $\dfrac{\varepsilon}{\sqrt{r_t + \eta}}$ 会逐渐减小到接近于零，这将导致在训练的后期学习过程会变得非常缓慢。

② 对超参数敏感。全局学习率 ε 的选择对 AdaGrad 的性能有很大影响，而且不同的参数可能需要不同的学习率调整速度。

2.3.2　RMSProp 算法

AdaGrad 算法在迭代后期由于学习率过小，可能较难找到一个有用的解。为了解决这一问题，Geoffrey Hinton 提出了 RMSProp[4] 算法，通过引入一个指数衰减平均来改进 AdaGrad。具体来说，RMSProp 不是像 AdaGrad 那样直接累加过去的梯度平方，而是使用指数衰减平均来丢弃遥远的历史梯度，使其能够快速适应当前的梯度。因此该算法即使在迭代后期对于频繁更新的参数也能够保持一个相对较大的学习率，从而避免陷入局部最小值或鞍点。

RMSProp 算法：在 AdaGrad 算法对 r 的梯度累积更新中加入可以手动调节的 β 来控制优化过程。对于每个参数，计算其梯度的平方并乘以一个衰减因子 β（通常接近 1，如 0.9 或 0.99）。累积平方梯度的公式变为 $r_{t+1} = \beta r_t + (1 - \beta) g_t \odot g_t$。

这种更新方式使得 RMSProp 能够在不稳定的目标函数情况下很好地进行收敛，并且在许多深度学习任务中都取得了良好的效果。

2.3.3　Adam 算法

Adam [5] 算法是一种随机梯度下降（SGD）过程的优化算法，它基于训练数据并迭代地更新神经网络权重。由于结合了自适应学习率和动量方法，所以能够有效地调整学习率并在训练过程中自适应地调整参数更新的速度。

在 Adam 算法中定义了自适应的动量 s 并用 ρ_1 来控制，即 $s_{t+1} = \rho_1 s_t + (1-\rho_1) g_t$。$r$ 的定义和前面的一致，用 ρ_2 来控制，即 $r_{t+1} = \rho_2 r_t - (1-\rho_2) g_t \odot g_t$。然后修正这两个参数，让它们在训练之初比较大，这样可以帮助算法快速收敛，修正后的参数为 $\hat{s} \leftarrow \dfrac{s}{1-\rho_1^t}$，$\hat{r} \leftarrow \dfrac{r}{1-\rho_2^t}$。最终的参数更新为 $\theta_{t+1} = \theta_t - \dfrac{\varepsilon \hat{s}}{\sqrt{\hat{r}+\eta}} g$。

Adam 算法具有自适应学习率、高效的计算性能、稳定的优化过程、适用于非稳态目标以及易于实现等优点，在许多深度学习应用中得到了广泛的使用并表现出了良好的性能。

2.4 本章小结与练习

在接触比较复杂的深度学习模型之前，有必要对深度学习的基本构成单元，即简单的神经网络模型结构和算法有所了解。本章介绍训练神经网络的算法基础，即梯度下降法的基本概念、几种基本类型，以及在此基础上改进后的自适应优化算法。下一章将介绍卷积神经网络，它是构成深度学习模型的最基本结构。

学习完本章后并不要求完全掌握这些算法的理论及数学推导过程，只要了解这些算法的各自的优缺点和应用场景即可，在本书后面用到这些算法时还会结合使用情况进行分析。

本章练习

1. 什么是梯度下降法？
2. 梯度下降法的类型有哪些？各自都有什么优缺点？

参考文献

[1] Ruder S. An overview of gradient descent optimization algorithms [J]. ArXiv 2016, abs/ 1609.04747.

[2] Si A. Backpropagation and stochastic gradient descent method [J]. Neurocomputing, 1993, 5 (4-5): 185-196.

[3] Duchi J C, Hazan E, Singer Y. Adaptive Subgradient Methods for Online Learning and Stochastic Optimization [J]. J. Mach. Learn.Res., 2011, 7: 2121-2159.

[4] Ruder S. An Overview of Gradient Descent Optimization Algorithms [J]. Comput. Sci. arXiv 2016, arXiv:1609.04747.

[5] Kingma D P, Ba J. Adam: A method for stochastic optimization [C]. In: International Conference on Learning Representations, 2015: 1-13.

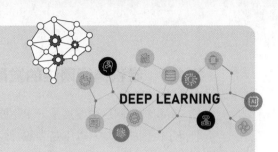

DEEP LEARNING

第3章
深度学习的结构基础
——卷积神经网络

学习
目标

- ● **掌握：**卷积神经网络的基本组成。
- ● **熟悉：**卷积神经网络算法的基本操作以及填充与步长。
- ● **理解：**多通道输入的卷积与多通道输出、池化层和全连接层等概念。
- ● **尝试：**运行一个已有的卷积神经网络模型并分析结果。

卷积神经网络（convolutional neural networks，CNN）是一种深度学习模型，其雏形最早源于 LeCun 等于 1998 年提出的 LeNet-5 网络模型 [1]。2012年，AlexNet 网络的提出标志着深度学习的崛起，此后基于 CNN 框架的 GoogLeNet、VGG、ResNet 等算法在 ImageNet 视觉识别挑战赛中不断取得佳绩。CNN 特别适用于处理具有网格结构的数据，如图像、视频和语音等。其原理是基于卷积运算和池化操作，通过自动学习输入数据的特征表示，实现分类、识别等任务。

3.1　卷积神经网络基础

卷积神经网络受神经科学感受野机制的启发，通过模拟人脑对视觉信息的分层处理机制来自动提取输入数据的特征。其核心思想是利用卷积层和池化层对输入数据进行逐层抽象，最终通过全连接层输出分类或回归的结果。

3.1.1　卷积神经网络的发展

卷积神经网络的发展是一个不断进化和创新的过程，它在计算机视觉领域取得了巨大的成功。以下是卷积神经网络发展的主要阶段和里程碑。

20 世纪 60 年代，神经生理学家 David Hubel 和 Torsten Wiesel 通过实验研究了动物视觉皮层的性质，提出了视觉信息处理的层级结构。他们的工作表明，在动物的视觉系统中存在一种类似于现代卷积神经网络的分层和特征提取机制。这些发现为设计能够自动学习和提取特征的深度学习模型提供了灵感。

1980 年，Kunihiko Fukushima 受到 Hubel 和 Wiesel 工作的启发，提出了 Neocognitron 模型，这是一个受生物视觉系统启发的多层次的人工神经网络架构。

20 世纪 90 年代，Yann LeCun 等人提出了 LeNet-5 网络，这是最早的卷积神经网络之一，主要用于手写数字识别，它包括卷积层、池化层和全连接层。其架构对后来的卷积神经网络设计产生了深远的影响。

2012 年，Alex Krizhevsky、Ilya Sutskever 和 Geoffrey Hinton 提出的 AlexNet 模型 [2] 在 ImageNet 大规模视觉识别挑战赛上取得突破性成果，引发了深度学习在计算机视觉领域的复兴。AlexNet 包括多个卷积层、池化层、ReLU 激活函数和全连接层。

从 LeNet-5 到 AlexNet 之后，CNN 经历了多个重要的发展阶段，包括 ZFNet、VGGNet、GoogLeNet、ResNet、DenseNet、EfficientNet、Vision Transformers（ViT）以及自适应卷积网络等。

然而，随着数据规模的不断扩大，CNN 在处理大规模、高分辨率的图像时遇到了困难，其计算量和内存消耗也随之增加。此外，CNN 在处理非结构化、长距离的关系时也存在一定的局限性。为了解决这些问题，Transformer 这一新兴技术迅速崛起，Transformer 通过自注意力机制来实现序列之间的依赖关系，从而更好地处理非结构化、长距离的关系。随着 Transformer 的不断发展和完善，它在自然语言处理、计算机视觉等多个领域取得了显著的成功，成为了计算机视觉的新兴技术之一。

3.1.2　卷积神经网络的组成

CNN 网络的典型结构包括输入层、卷积层、激活层、池化层、全连接层和输出层。每层都包含一系列复杂的操作，用于从数据中提取特征并进行分类或完成回归任务。

① 输入层。这是 CNN 的第一层，接收原始图像数据，通常是图像中的每一个像素值。这些数据一般都是三维的，包括图像的高度、宽度和颜色通道（例如 RGB 图像的三个通道）。

② 卷积层。卷积层是 CNN 的核心，包含多个卷积核（或过滤器），用于提取输入数据的局部特征。卷积核在输入数据上滑动并通过互相关运算（参阅3.2.1 节）生成特征图。

③ 激活层。激活层通常位于卷积层之后，通过引入非线性激活函数，使得网络能够学习更复杂的特征。最常用的激活函数是 ReLU，它有助于解决梯度消失问题。

④ 池化层。池化层也叫降采样或下采样层，用于降低特征图的空间维度，防止过拟合，减少参数数量和计算量。最常见的池化操作是最大池化，它是提取特征图中的最大值。

⑤ 全连接层。全连接层位于网络的末端，用来汇总从卷积层和池化层学习到的底层信息，将特征映射到最终的输出，如类别标签。

⑥ 输出层。输出层产生 CNN 的最终输出。对于分类问题，输出层通常使用 softmax 函数将神经元的输出转换为概率分布。对于回归问题，输出层可能只有一个神经元，采用 sigmoid 函数直接输出预测值。

在 CNN 中还可能包含如下组成部分。

归一化层：在某些 CNN 架构（如 Inception 网络）中，使用归一化层来加速训练过程并提高模型的泛化能力。

批量归一化层：用于加速训练过程，通过规范层的输入来减少内部协变量偏移。

丢弃层（Dropout）：用于正则化，防止过拟合。做法是在训练过程中随机丢弃（置零）一部分神经元的输出。

连接层：在某些复杂的网络结构（如 U-Net）中，用于合并来自不同层的特征图。

因此如图 3-1 所示，卷积神经网络一般是由多个卷积层、池化层和全连接层等结构组成，这些层的组合可以形成深层的网络结构，从而提高网络的表达能力和分类性能。其中，卷积层是 CNN 最重要的组成部分，它通过一组可训练的卷积核对输入图像进行卷积运算，得到一组特征图。而池化层用于降低特征图的大小，减少计算量和内存占用，同时也可以增加模型的鲁棒性。全连接层将特征提取和分类或回归阶段联系起来，将多维特征展开成一维向量，并进行线性变换和激活操作，生成最终的输出。这些层可以以不同的顺序和组合方式堆叠起来，形成不同的 CNN 架构。

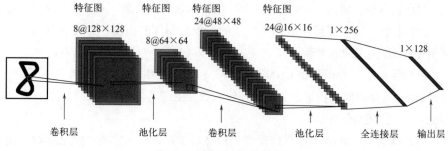

8@128×128　　8@64×64　　24@48×48　　24@16×16　　1×256　　1×128

卷积层　　　池化层　　　卷积层　　　池化层　　　全连接层　输出层

图 3-1　卷积神经网络的结构

3.2　卷积的基本操作

卷积神经网络是含有卷积层的神经网络。以常见的二维卷积层为例，它有高和宽两个空间维度，因此可以非常方便地处理图像数据。本节主要介绍二维卷积层的工作原理。

3.2.1　互相关运算

卷积层得名于卷积运算，其实我们通常在卷积层中使用更加直观的互相关运算。一个二维输入数组和一个二维卷积核通过互相关运算就可以得到一个二维数组。计算过程就是通过将卷积核在输入数组上滑动，计算卷积核覆盖的输入数组的局部区域与卷积核本身对应元素乘积的总和。这个总和就形成了输出数组的一个元素，被卷积核覆盖到的地方也称为感受野。

如图 3-2 所示，假设输入的是一个 5×5 的矩阵，通过使用一个 3×3 大小的卷积核运算就得到了一个 3×3 大小的输出。计算过程如下所示，在图 3-2 中

首先在输入矩阵的左上角 3×3 的区域 $\begin{bmatrix} 0 & 1 & 1 \\ 1 & 1 & 0 \\ 1 & 0 & 1 \end{bmatrix}$ 之上覆盖 3×3 大小的卷积核

$\begin{bmatrix} 1 & 1 & 0 \\ 1 & 0 & 0 \\ 1 & 1 & 1 \end{bmatrix}$，在重叠后的部分中进行互相关计算，得到计算式

$$0×1 + 1×1 + 1×0 + 1×1 + 1×0 + 0×0 + 1×1 + 0×1 + 1×1 = 4$$

因此在输出的左上角第一个数值（第一行第一列）就是4。

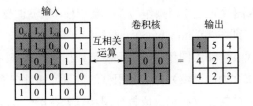

图 3-2 卷积（互相关）运算

同样，在图 3-2 中将输入矩阵的左上角 3×3 区域向右移动一列后变成了

$\begin{bmatrix} 1 & 1 & 0 \\ 1 & 0 & 0 \\ 0 & 1 & 1 \end{bmatrix}$，再次覆盖 3×3 大小的卷积核 $\begin{bmatrix} 1 & 1 & 0 \\ 1 & 0 & 0 \\ 1 & 1 & 1 \end{bmatrix}$ 后进行互相关计算，得到计

算式

$$1×1 + 1×1 + 0×0 + 1×1 + 0×0 + 0×0 + 0×1 + 1×1 + 1×1 = 5$$

因此在输出的第一行第二列数值就是5。

后面的计算以此类推。在全部完成了输入矩阵第一行的处理之后，就将图

3-2 中带阴影的 3×3 输入部分向下移动一行变成 $\begin{bmatrix} 1 & 1 & 0 \\ 1 & 0 & 1 \\ 1 & 0 & 0 \end{bmatrix}$，然后再与 3×3 的

卷积核 $\begin{bmatrix} 1 & 1 & 0 \\ 1 & 0 & 0 \\ 1 & 1 & 1 \end{bmatrix}$ 进行互相关计算，得到输出矩阵的第二行第一列数值4。这

一过程重复进行直到遍历了输入矩阵的全部数据。

如果将一个图像中的每行每列的像素值看作上述的矩阵元素值，那么这种互相关运算就相当于是做了图像处理。在上述过程中我们发现，经过卷积之后图像从输入的 5×5 变成了输出的 3×3（图像变小了）。

假设输入图像大小为 n，卷积核大小为 m，在无填充并且步长等于 1 的情况下（关于填充和步长的概念见 3.3 节），输出图像的大小为 $n-m+1$。在图 3-2 中，$n = 5$，$m = 3$，所以 $n-m+1 = 3$。

卷积核在输入图像上滑动通常是按照从左往右、从上往下的顺序进行。每次滑动的距离（即步长）也是一个超参数，可以根据需要进行调整。步长的大小会影响输出特征图的大小。

3.2.2 特征图和感受野

特征图是卷积神经网络中卷积层输出的数据结构。如图 3-2 所示，在卷积层中，5×5 的输入图像通过卷积操作与 3×3 卷积核（或滤波器）进行相互作用，生成一个 3×3 的特征图（feature map），即卷积（互相关）运算的输出结果。

每个特征图代表了输入图像中的不同特征或模式。特征图通常具有高度和宽度，其深度（或称为通道数）等于卷积核的数量。通过在输入图像上滑动卷积核并计算局部区域的加权和来生成特征图。每个卷积核提取输入图像中的特定特征，如边缘、纹理等。所以特征图是网络学习到的特征表示，而随着网络深度的增加，特征图能够捕捉到更抽象和复杂的特征。

感受野，如图 3-3 所示，是指网络中某个输出元素所能"看到"或感知的输入图像区域的大小。换句话说，它是影响网络输出中某个特定元素的输入图像区域。感受野的大小决定了网络能够捕捉的输入特征的尺度。一个较大的感受野意味着网络能够感知到更大的图像区域，从而捕捉到更宏观的特征。随着网络深度的增加，每个层的输出元素的感受野也会增大。这是因为每一层的输出都是下一层的输入，感受野通过卷积操作逐层累积。感受野的大小对于网络的性能有重要影响。较大的感受野有助于网络捕捉全局特征，而较小的感受野则有助于捕捉局部细节。

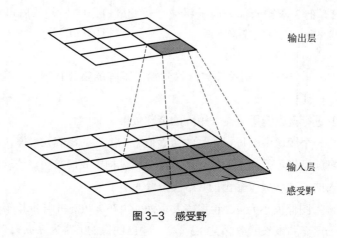

输出层

输入层

感受野

图 3-3　感受野

3.3　卷积操作中的填充和步长

3.3.1　填充

在卷积操作中，通过卷积核在输入图像上的滑动来计算局部区域的加权和。当卷积核滑动到输入图像的边缘时，由于图像边界的限制，卷积运算不能完整地覆盖到图像的边缘像素。这意味着边缘像素在卷积过程中只被计算一次，而中心区域的像素可能被多次计算。这可能导致边缘信息在特征图中的表示不足，从而影响网络对图像边缘特征的学习和识别。

为了解决这个问题，可以在输入图像的周围添加额外的像素（通常是零），这个过程称为填充（padding）。填充通常使用以下两种方式之一。

（1）零填充（zero-padding）

零填充是最常见的填充方式。见图 3-4，它在原始输入图像（大小是 5×5）的周围添加了一圈 0 值像素（变成了 7×7）。这样即使卷积核滑动到边缘也能覆盖到原始图像的边缘像素，因为边缘像素现在被零值像素包围到了内部，从而保留了这些边缘的信息。而这些 0 值又不会对卷积核中其他非零元素的加权和产生影响，因此可以直接忽略它们。

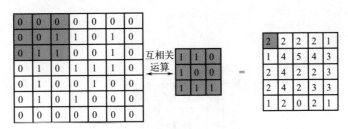

图 3-4　零填充卷积运算

如果希望填充后并经过卷积运算的输出大小与原始图像的大小一致，那么根据 $N = N + 2P - F + 1$，可得 $P = \dfrac{F-1}{2}$。其中，原始图像的大小为 $N \times N$，P 为填充大小，F 为卷积核大小。为了避免 P 为非整数，卷积核大小一般取奇数（如 3×3 或 5×5）。

假设原始图像的大小为 5×5，卷积核为 3×3，即 $N = 5$，$F = 3$。如果希望经过零填充与卷积运算的输出大小仍为 5×5，根据 $P = \dfrac{F-1}{2}$ 得到 $P = (3-1)/2 = 1$。意味着在原始图像的周围填充 $P = 1$ 层数值为 0 的值即可（因此填充后变成了 7×7）。如图 3-4 所示，一个 7×7 的图像在经过 3×3 的卷积核完成卷积运算后确实恢复到了 5×5 的大小。

（2）复制边缘（edge replication）

另一种填充方式是复制图像边缘的像素并扩展到图像的外部。具体来说，就是将图像边缘的像素值向外侧复制，直到达到所需的填充大小。这种方法保留了图像边缘的原始信息，但可能会导致边缘特征在特征图中重复。

总而言之，填充（padding）具有如下作用。

① 保持特征图尺寸。适当的 padding 可以保持特征图的尺寸，避免因卷积操作而导致特征图尺寸缩小。

② 保留边缘信息。通过确保卷积核能够覆盖到边缘像素，padding 有助于保留图像边缘的重要信息（避免信息丢失），并充分学习边缘和角落的像素。

③ 控制感受野。Padding 的大小会影响感受野的大小，从而影响网络能够感知的输入图像区域的大小。

3.3.2　步长

步长是指卷积核在水平或垂直方向上每次滑动的像素数。如果步长为 1，卷积核每次移动一个像素；如果步长为 2，卷积核每次移动两个像素；以此类推。图 3-5 所示为步长等于 2 时的运算。

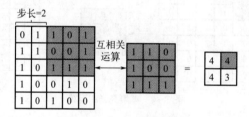

图 3-5　步长为 2 的卷积运算

卷积操作后输出特征图的大小不仅仅取决于输入图像和卷积核，还取决于步长和填充的数值。计算输出特征图大小的通用公式为式（3-1）：

$$输出特征图的大小 = \frac{N + 2P - F}{S} + 1 \tag{3-1}$$

其中，S 为步长，N 为输入图像的大小，P 为填充大小，F 为卷积核大小。

假设原始的输入图像大小为 5×5，卷积核大小为 3×3，步长为 $S=1$，填充为 $P=1$，如图 3-4 所示，输出特征图的大小是 $\frac{5 + 2 \times 1 - 3}{1} + 1 = 5$。如果计算结果为非整数，则向下取整。

3.4　多通道输入的卷积与多通道输出

前面提到的卷积都是针对单通道的输入数据，例如灰度图像只有亮度信息却没有颜色信息。但在实际应用中，输入数据通常是多通道的（通常指的是图像的多个颜色层）。例如彩色图像通常由三个通道组成，分别是红色（R）、绿色（G）和蓝色（B）。每个通道都是一个二维数值矩阵，数值大小表示图像中相应位置的颜色强度。因此有了如下两个概念，即多通道输入结构和卷积核结构。

① 多通道输入结构。具有多个输入通道的数据通常表示为三维数组，维度为 $C_{in} \times H \times W$。其中 C_{in} 是输入通道的数量，对于 RGB 图像就等于 3；H 是图像的高度，即图像的行数；W 是图像的宽度，即图像的列数。

② 卷积核结构。对于多通道输入，每个卷积核也必须有相同数量的通道。因此，如果输入图像有 3 个通道，每个卷积核也将有 3 个通道。因此卷积核的维度为 $C_{in} \times K_h \times K_w$，其中 C_{in} 是输入通道的数量，K_h 是卷积核的高度，K_w 是卷积核的宽度。

有了上面的两个概念，下面介绍卷积操作、多卷积操作和多通道输出。

3.4.1 卷积操作

如图 3-6 所示，当输入图像是多通道时，每个卷积核（滤波器）也会对应相同数量的通道。在进行卷积操作时，卷积核的每个通道与输入图像的相应通道进行卷积（互相关）运算，然后这些结果会被相加以生成输出特征图的一个像素值。这样，卷积层可以同时学习到不同颜色层的特征，并将这些特征组合起来提取更丰富的信息。

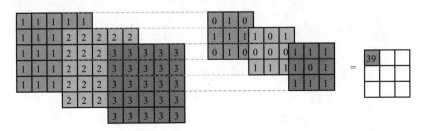

图 3-6　多通道卷积运算

在图 3-6 中，一个输入图像有 3 个通道（RGB），卷积层中的滤波器也对应有 3 个通道。在卷积过程中，每个滤波器的 3 个通道与输入图像的 3 个通道分别进行卷积运算，然后求和得到最终的特征图。当 RGB 三通道的输入值和三个卷积核分别如图 3-6 所示时，做卷积运算的过程为：

通道 1（B）:$1 \times 0 + 1 \times 1 + 1 \times 0 + 1 \times 1 + 1 \times 1 + 1 \times 1 + 1 \times 0 + 1 \times 1 + 1 \times 0 = 5$；

通道 2（G）:$2 \times 1 + 2 \times 0 + 2 \times 1 + 2 \times 0 + 2 \times 0 + 2 \times 0 + 2 \times 1 + 2 \times 1 + 2 \times 1 = 10$；

通道 3（R）:$3 \times 1 + 3 \times 1 + 3 \times 1 + 3 \times 1 + 3 \times 0 + 3 \times 1 + 3 \times 1 + 3 \times 1 + 3 \times 1 = 24$；

卷积后的输出：5 + 10 + 24 = 39。

3.4.2 多卷积操作

单个卷积核只能捕获输入图像中特定类型的特征，如垂直、水平或边缘特征。为了捕获更高级、更复杂的特征，我们需要在卷积层中使用多个卷积核。每个卷积核都会学习原始图像中的不同的特征模式，并通过在输入数据上滑动来生成对应的特征图。如图 3-7 所示，对原始图像数据使用两套不同的 3 通道卷积核提取特征。每套卷积核都会在其 3 个通道上独立地与输入数据的对应通道进行卷积操作，然后将结果相加并生成一个输出特征图。因此，两套卷积核将生成两个输出特征图。

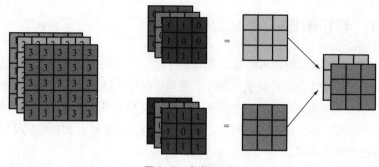

图 3-7　多卷积运算

当针对一个原始图像有多套卷积核与它做卷积运算时，卷积核的维度就变成了 $(C_{in} \times K_h \times K_w) \times C_{out}$，其中 C_{in} 是输入通道的数量，K_h 是卷积核的高度，K_w 是卷积核的宽度，C_{out} 是输出通道的数量（即卷积层产生的特征图数量）。在图 3-7 中，$C_{in} = 3$，$K_h = K_w = 3$，$C_{out} = 2$。所以需要两套（$C_{out} = 2$）大小为 3×3 的卷积核（$K_h \times K_w$），每套都要由 3 个（$C_{in} = 3$）卷积核组成。

通过这种方式，卷积层可以同时学习到不同颜色层中的不同特征。例如，一套卷积核学习图像中的边缘信息，而另一套卷积核学习颜色的变化信息。通过组合这些特征，网络就能够提取更丰富的信息，这有助于提高图像识别和分类的性能。

3.4.3 多通道输出

卷积层的输出也是一个三维数组，其维度是 $C_{out} \times O_h \times O_w$，其中 C_{out} 是输出通道的数量，O_h 是输出特征图的高度，O_w 是输出特征图的宽度。多通道卷积的优点如下。

① 丰富的特征表示。多通道卷积能够捕捉图像中的颜色和纹理等不同信息，这有助于网络学习更复杂和抽象的特征表示。

② 提高性能。通过结合不同通道的信息，多通道卷积可以提高模型在图像识别、分类和分割等任务中的性能。

③ 灵活性。多通道卷积提供了一种灵活的方式来处理不同类型的图像数据，包括彩色图像、多光谱图像以及其他具有多个通道的图像。

3.5 卷积神经网络的池化层和全连接层

3.5.1 池化层

池化层主要是对卷积层提取到的特征图进行下采样，也就是有效减少特征图的空间维度（宽度和高度），从而降低后续层的参数数量和计算复杂度，提高模型的鲁棒性。

（1）池化层的主要类型

① 最大池化（max pooling）。从每个窗口中选择最大的元素作为结果，这有助于保留最重要的特征，同时抑制不相关的信息。最大池化的优点是可以提取图像中的主要特征，同时减小数据的维度、降低计算量、防止过拟合。最大池化的缺点是可能会造成信息的丢失，因为它只选取了窗口内的最大值，而忽略了其他像素的信息。

最大池化的参数包括池化窗口大小和步长。池化窗口大小决定了每个池化窗口内包含的像素数量，而步长决定了池化窗口的移动距离。通常情况下，池化窗口大小为 2×2，步长为 2，这样可以将输入数据的尺寸减半，提高模型的效率。

② 平均池化（average pooling）。平均池化是将输入数据分割成若干个大小相同的窗口，在每个窗口内计算所有元素的平均值，将平均值作为该窗口的输出。平均池化可以减小输入数据的大小、降低模型的复杂度，同时还可以平滑特征、减少噪声的影响。与最大池化相比，平均池化不具有选择性，它不会突出显示窗口内最显著的特征。

图 3-8 给出了一个 4×4 的特征图，我们分别使用 2×2 的最大池化和平均池化对其下采样，步长为 2。池化的操作过程如下：

① 因为池化窗口的大小为 2×2 并且步长为 2，所以将输入的 4×4 特征图

（数据矩阵）分成了 4 个不重叠的部分。它们分别是左上角的 $\begin{bmatrix} 1 & 0.2 \\ 0.6 & 1 \end{bmatrix}$，右

上角的 $\begin{bmatrix} -0.3 & 0.4 \\ -0.5 & 0.8 \end{bmatrix}$，左下角的 $\begin{bmatrix} 0.9 & 0 \\ 0.3 & -0.2 \end{bmatrix}$ 和右下角的 $\begin{bmatrix} 1 & -0.1 \\ 0.5 & 1 \end{bmatrix}$。

② 在每个池化窗口中选取内部所有像素值的最大值（或平均值）。例如在

左上角的池化窗口 $\begin{bmatrix} 1 & 0.2 \\ 0.6 & 1 \end{bmatrix}$ 中，这四个数值的最大值是 1，平均值是 0.7。其

余 3 个池化窗口也是如此。

③ 将每个池化窗口内的最大值（或平均值）组合起来作为输出，组成新

的矩阵或张量，得到了针对原始 4×4 特征图的最大池化结果 $\begin{bmatrix} 1 & 0.8 \\ 0.9 & 1 \end{bmatrix}$ 和平均

池化结果 $\begin{bmatrix} 0.7 & 0.1 \\ 0.25 & 0.6 \end{bmatrix}$。

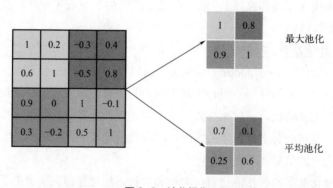

图 3-8　池化操作

多通道的池化是首先在每个通道上独立进行池化操作（不考虑其他通道的信息），然后将每个通道池化后的结果合并后形成新的池化特征图。最终输出的是一个多通道的特征图，也就是每个通道都经过了池化操作。

（2）池化层的作用

在卷积神经网络中，池化层的作用表现在以下几点。①减少参数数量。由于池化层没有可学习的参数，它有助于减少网络的参数数量。②减少计算量。降低特征图的空间尺寸就可以减少后续层的计算量。③特征不变性。池化层有助于网络对输入数据的微小变化保持不变性，例如平移、缩放等。④防止过拟合。通过降低特征的维度，池化层有助于减小模型的复杂度，从而防止过拟合。

（3）池化层的特点

根据池化层的结构和作用，它具有如下几个特点。①通常是一个固定函数，没有可学习的参数。这意味着它不会增加网络的参数数量。②池化层通过定义池化窗口的大小和步长来操作。窗口在特征图上滑动，步长决定了窗口移动的间隔。③池化层实现了特征图的下采样，减小了数据的空间尺寸，有助于减少计算量和防止过拟合。④池化层有助于网络获得平移不变性，即网络能够识别出在输入数据中可能发生平移的对象。

3.5.2　全连接层

全连接层（fully connected layer 或 dense layer）通常处于卷积神经网络模型的末尾，用于整合从卷积层和池化层提取的特征，并进行最终的分类或其他任务。其特点是每个神经元都与前一层的所有神经元相连，因此被称为全连接层。

（1）全连接层的操作

全连接层是将输入的特征向量与权重矩阵相乘后再加上偏置项，然后通过激活函数映射到最终的输出值。

权重矩阵是一个高维矩阵，其中的每个元素表示输入特征和输出结果之间的关联程度。偏置项是一个常数向量，用于调整模型的灵活性和偏倚。常见的激活函数包括 sigmoid 函数、ReLU 函数和 softmax 函数等，它们能够引入非线性特性，使得模型可以更好地处理复杂的数据分布和分类任务。

（2）全连接层的作用

全连接层的作用包括以下几点。①特征整合。全连接层将卷积层和池化层提取的特征进行整合，形成对输入数据的全局理解。②分类或回归。在网络的末尾，全连接层通常用于执行分类（如 softmax 层用于多类的分类）或回归任务。③减少参数。全连接层有助于减少网络的参数数量，因为它将卷积层和池化层的高维特征图转换为一维特征向量。

（3）全连接层的参数数量

神经网络某一层的参数数量取决于前一层的神经元数量和当前层的神经元数量。如果前一层有 n 个神经元，当前层有 m 个神经元，则权重矩阵的参数数量为 $n \times m$，加上本层有 m 个偏置项，那么本层总共有 $n \times m + m$ 个参数。

例如，假设有一个卷积层的输出特征图大小为 7×7×256（即 7×7 的特征图，每个特征图有 256 个通道）。在将其传递到全连接层之前，通常需要将其展平为一个一维向量。展平后的特征向量长度为 7×7×256 = 12544。

如果全连接层有 512 个神经元，那么权重矩阵的大小将是 12544×512，再加上偏置项的数量 512，这一层的总参数数量将是 12544×512 + 512。

由于参数众多，全连接层容易导致过拟合，特别是在数据量有限的情况下。另外由于它是将输入展平为一维向量，造成全连接层不能很好地处理输入数据的空间结构信息，因此会导致空间关系的丢失。此外全连接层的训练可能需要较多的计算资源，因为它们涉及大量的参数更新。这些问题在本书后面的实战中都是需要解决的。

3.6 本章小结与练习

卷积神经网络（CNN）是学习和使用深度学习的结构基础，因此本章最小限度地将后面要用到的知识点做了介绍。本章内容包括卷积神经网络的形成及其发展、结构组成、相关运算和一些主要名词及其意义。希望通过本章的介绍，读者能够对卷积神经网络有一定程度的了解，在本书后面用到这些知识时也可以返回来参阅。

本章练习

1. 数据填充的方式有几种？填充的作用是什么？
2. 假设输入图像大小为 256×256，卷积核大小为 3×3，步长为 S=2，填充为 P=1，则输出特征图的大小是多少？
3. 池化层的常见类型有哪些？分别适用于哪种情况？

参考文献

[1] LeCun Y, Bottou L, Bengio Y, et al. Gradient-based learning applied to document recognition [J]. Proceedings of IEEE, 1998, 86(11): 2278-2324.
[2] Krizhevsky A, Sutskever I, Hinton G. ImageNet Classification with Deep Convolutional Neural Networks [J]. Advances in Neural Information Processing Systems, 2012, 25(2). DOI:10.1145/3065386.

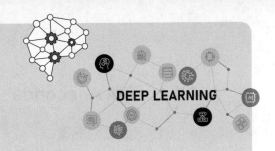

DEEP LEARNING

第 4 章
搭建深度学习的运行环境

学习
目标

- **了解：**深度学习的运行环境和相关软件。
- **熟悉：**深度学习软件的安装与配置。
- **掌握：**创建一个新项目并尝试解决问题、完成运行与调试。

　　想要深入理解并掌握深度学习，亲手实践和运行、调试代码是非常重要的一步。通过自己编写或修改现有的深度学习代码，可以更直观地理解算法的工作原理，分析参数调整对结果的影响，评估模型在实际应用场景中的表现。本章将介绍如何在 Windows 系统上搭建深度学习的运行环境，后面几章分别论述在深度学习运行环境下不同应用场景中的实践工作。

4.1　安装开源软件包和环境管理系统 Anaconda

　　Anaconda 是一个用于数据科学和机器学习的开源软件包管理和环境管理系统。通过 Anaconda 可以轻松地安装、管理和升级数据科学工具和库文件，如 Python、Jupyter Notebook、NumPy、Pandas、Matplotlib 等。它还提供了一个方便的环境管理工具，能够轻松地创建、导出和共享项目环境。当我们同时进行多个深度学习的实验时，Anaconda 还可以帮助我们创建并管理多个不同的虚拟环境且互不干扰。因此学会 Anaconda 的使用，对我们之后的深度学习实践是非常有帮助的。

4.1.1　下载 Anaconda

（1）通过官网下载

第一种获得 Anaconda 的方法是从官网上直接下载适用的最新版本。

进入官网后会要求填写电子邮件等信息，可以直接点击图 4-1 中方框的地方跳过这一步，也可以按照要求输入您的电子邮件并点击"提交"按钮。完成后跳转到下载页面。

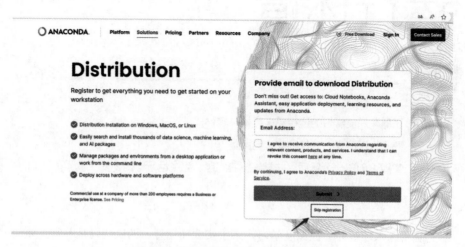

图 4-1　从官网下载 Anaconda 的步骤 1

进入到下载页面后，要根据电脑的软件系统来选择对应的安装包下载，也可直接点击图 4-2 中方框的地方下载，它会自动选择与电脑相匹配的最新发布的安装包版本。

第二种方法是从 Anaconda 的官方历史版本存档库中下载较早版本的 Anaconda，这里面包含之前发布过的各种版本，如图 4-3 所示。

（2）通过镜像源下载

由于官网下载的速度很慢，所以一般采用国内镜像网站下载。可以使用清华镜像源。

进入网站后默认的版本排序是从最老版本到最新版本。为方便最快地找到所需的最新版本，可以点击图 4-4 中箭头所指的地方，这样就会使最新版本出现在最前面。如图 4-5 所示，在找到所需的版本后直接点击它就可以下载了。

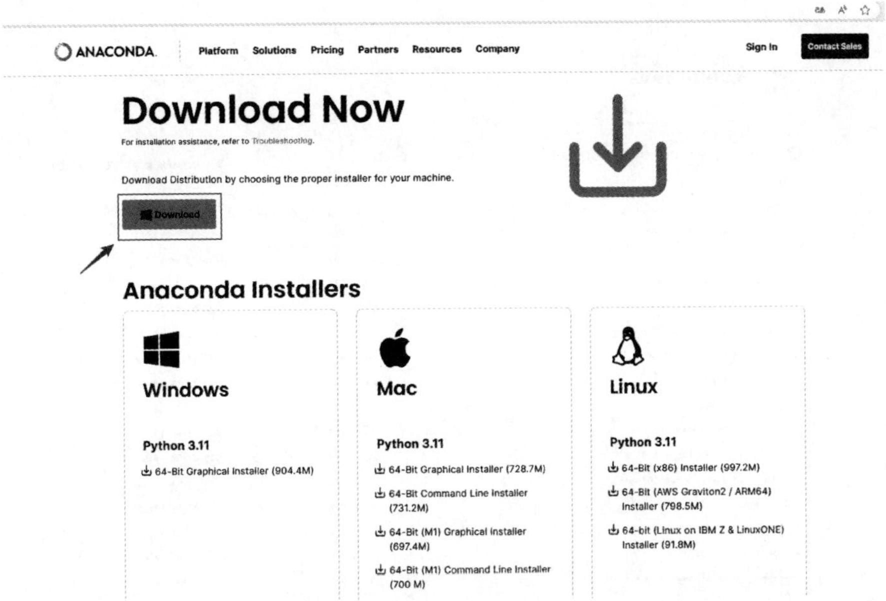

图 4-2　从官网下载 Anaconda 的步骤 2

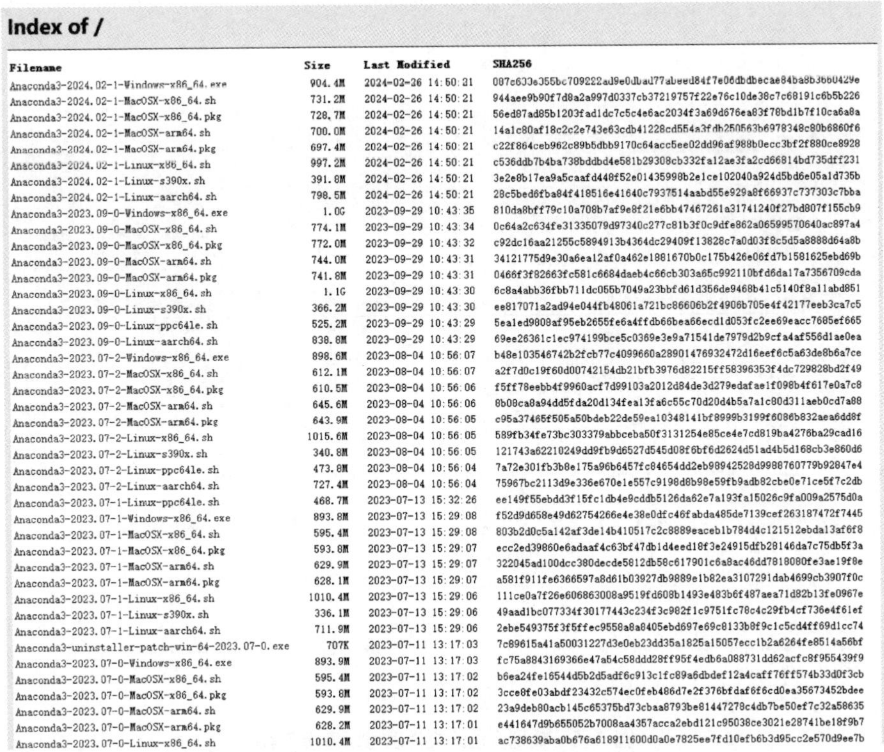

Index of /

Filename	Size	Last Modified	SHA256
Anaconda3-2024.02-1-Windows-x86_64.exe	904.4M	2024-02-26 14:50:21	087c633e355bc709222ad9e0dbad77abeed84f7e06dbdbecae84ba8b36b0429e
Anaconda3-2024.02-1-MacOSX-x86_64.sh	731.2M	2024-02-26 14:50:21	944aee9b90f7d8a2a997d0337cb37219757f22e76c10de38c7c68191c6b5b226
Anaconda3-2024.02-1-MacOSX-x86_64.pkg	728.7M	2024-02-26 14:50:21	56ed87ad85b1203fad1dc7c5c4e6ac2034f3a69d676ea83f78bd1b7f10ca6a8a
Anaconda3-2024.02-1-MacOSX-arm64.sh	700.0M	2024-02-26 14:50:21	14a1c80af18c2c2e743e63cdb41228cd554a3fdb250563b6978348c80b6860f6
Anaconda3-2024.02-1-MacOSX-arm64.pkg	697.4M	2024-02-26 14:50:21	c22f864ceb962c89b5dbb9170c64acc5ee02dd96af988b0ecc3bf2f880ce8928
Anaconda3-2024.02-1-Linux-x86_64.sh	997.2M	2024-02-26 14:50:21	c536ddb7b4ba738bddbd4e581b29308cb332fa12ae3fa2cd66814bd735dff231
Anaconda3-2024.02-1-Linux-s390x.sh	391.8M	2024-02-26 14:50:21	3e2e8b17ea9a5caafd448f52e01435998b2e1ce102040a924d5bd6e05a1d735b
Anaconda3-2024.02-1-Linux-aarch64.sh	798.5M	2024-02-26 14:50:21	28c5bed6fba84f418516e41640c7937514aabd55e929a8f66937c737303c7bba
Anaconda3-2023.09-0-Windows-x86_64.exe	1.0G	2023-09-29 10:43:35	810da8bff79c10a708b7af9e8f21e6bb47467261a31741240f27bd807f155cb9
Anaconda3-2023.09-0-MacOSX-x86_64.sh	774.1M	2023-09-29 10:43:34	0c64a2c634fe31335079d97340c277c81b3f0c9dfe862a06599570640ac897a4
Anaconda3-2023.09-0-MacOSX-x86_64.pkg	772.0M	2023-09-29 10:43:32	c92dc16aa21255c5894913b4364dc29409f13828c7a0d03f8c5d5a8888d64a8b
Anaconda3-2023.09-0-MacOSX-arm64.sh	744.0M	2023-09-29 10:43:31	34121775d9e30a6ea12af0a462e1881670b0c175b426e06fd7b1581625ebd69b
Anaconda3-2023.09-0-MacOSX-arm64.pkg	741.8M	2023-09-29 10:43:31	0466f3f82663fc581c6684daeb4c66cb303a65c992110bfd6da17a7356709cda
Anaconda3-2023.09-0-Linux-x86_64.sh	1.1G	2023-09-29 10:43:30	6c8a4abb36fbb711dc055b7049a23bbfd61d356de9468b41c5140f8a11abd851
Anaconda3-2023.09-0-Linux-s390x.sh	366.2M	2023-09-29 10:43:30	ee817071a2ad94e044fb48061a721bc86606b2f4906b705e4f42177eeb3ca7c5
Anaconda3-2023.09-0-Linux-ppc64le.sh	525.2M	2023-09-29 10:43:29	5ea1ed9808af95eb2655fe6a4ffdb66bea66ecd1d053fc2ee69eacc7685ef665
Anaconda3-2023.09-0-Linux-aarch64.sh	838.8M	2023-09-29 10:43:29	69ee26361c1ec974199bce5c0369e3e9a71541de7979d2b9cfa4af556d1ae0ea
Anaconda3-2023.07-2-Windows-x86_64.exe	898.6M	2023-08-04 10:56:07	b48e103546742b2fcb77c4099660a28901476932472d16eef6c5a63de8b6a7ce
Anaconda3-2023.07-2-MacOSX-x86_64.sh	612.1M	2023-08-04 10:56:07	a2f7d0c19f60d00742154db21bfb3976d82215ff58396353f4dc729828bd2f49
Anaconda3-2023.07-2-MacOSX-x86_64.pkg	610.5M	2023-08-04 10:56:06	f5ff78eebb4f9960acf7d99103a2012d84de3d279edafae1f098b4f617e0a7c8
Anaconda3-2023.07-2-MacOSX-arm64.sh	645.6M	2023-08-04 10:56:06	8b08ca8a94dd5fda20d134fea13fa6c55c70d20d4b5a7a1c80d311aeb0cd7a88
Anaconda3-2023.07-2-MacOSX-arm64.pkg	643.9M	2023-08-04 10:56:05	c95a37465f505a50bdeb22de59ea10348141bf8999b3199f6086b832aea6dd8f
Anaconda3-2023.07-2-Linux-x86_64.sh	1015.6M	2023-08-04 10:56:05	589fb34fe73bc303379abbceba50f3131254e85ce4e7cd819ba4276ba29cad16
Anaconda3-2023.07-2-Linux-s390x.sh	340.8M	2023-08-04 10:56:05	121743a62210249dd9fb9d6527d545d08f6bf6d2624d51ad4b5d168cb3e860d6
Anaconda3-2023.07-2-Linux-ppc64le.sh	473.8M	2023-08-04 10:56:04	7a72e301fb3b8e175a96b6457fc84654dd2eb98942528d9988760779b92847e4
Anaconda3-2023.07-2-Linux-aarch64.sh	727.4M	2023-08-04 10:56:04	75967bc2113d9e336e670e1e557c9198d8b98e59fb9adb82cbe0e71ce5f7c2db
Anaconda3-2023.07-1-Linux-ppc64le.sh	468.7M	2023-07-13 15:32:26	ee149f55ebdd3f15fc1db4e9cddb5126da62e7a193fa15026c9fa009a2575d0a
Anaconda3-2023.07-1-Windows-x86_64.exe	893.8M	2023-07-13 15:29:08	f52d9d658e49d62754266e4e38e0dfc46fabda485de7139cef263187472f7445
Anaconda3-2023.07-1-MacOSX-x86_64.sh	595.4M	2023-07-13 15:29:08	803b2d0c5a142af3de14b410517c2c8889eaceb1b784d4c121512ebda13af6f8
Anaconda3-2023.07-1-MacOSX-x86_64.pkg	593.8M	2023-07-13 15:29:07	ecc2ed39860e6adaaf4c63bf47db1d4eed18f3e24915dfb28146da7c75db5f3a
Anaconda3-2023.07-1-MacOSX-arm64.sh	629.9M	2023-07-13 15:29:07	322045ad100dcc380decde5812db58c617901c6a8ac46dd7818080fe3ae19f8e
Anaconda3-2023.07-1-MacOSX-arm64.pkg	628.1M	2023-07-13 15:29:07	a581f911fe6366597a8d61b03927db9889e1b82ea3107291dab4699cb3907f0c
Anaconda3-2023.07-1-Linux-x86_64.sh	1010.4M	2023-07-13 15:29:06	111ce0a7f26e606863008a9519fd608b1493e483b6f487aea71d82b13fe0967e
Anaconda3-2023.07-1-Linux-s390x.sh	336.1M	2023-07-13 15:29:06	49aad1bc077334f30177443c234f3c982f1c9751fc78c4c29fb4cf736e4f61ef
Anaconda3-2023.07-1-Linux-aarch64.sh	711.9M	2023-07-13 15:29:06	2ebe549375f3f5ffec9558a8a8405ebd697e69c8133b8f9c1c5cd4ff69d1cc74
Anaconda3-uninstaller-patch-win-64-2023.07-0.exe	707K	2023-07-11 13:17:03	7c89615a41a50031227d3e0eb23dd35a1825a15057ecc1b2a6264fe8514a56bf
Anaconda3-2023.07-0-Windows-x86_64.exe	893.9M	2023-07-11 13:17:03	fc75a8843169366e47a54c58ddd28ff95f4edb6a088731dd62acfc8f955439f9
Anaconda3-2023.07-0-MacOSX-x86_64.sh	595.4M	2023-07-11 13:17:02	b6ea24fe16544d5b2d5adf6c913c1fc89a6dbdef12a4caff76ff574b33d0f3cb
Anaconda3-2023.07-0-MacOSX-x86_64.pkg	593.8M	2023-07-11 13:17:02	3cce8fe03abdf23432c574ec0feb486d7e2f376bfdaf6f6cd0ea35673452bdee
Anaconda3-2023.07-0-MacOSX-arm64.sh	629.9M	2023-07-11 13:17:02	23a9deb80acb145c65375bd73cbaa8793be81447278c4db7be50ef7c32a58635
Anaconda3-2023.07-0-MacOSX-arm64.pkg	628.2M	2023-07-11 13:17:01	e441647d9b655052b7008aa4357acca2ebd121c95038ce3021e28741be18f9b7
Anaconda3-2023.07-0-Linux-x86_64.sh	1010.4M	2023-07-11 13:17:01	ac738639aba0b676a618911600d0a0e7825ee7fd10efb6b3d95cc2e570d9ee7b

图 4-3　可以选择较早的各种版本下载使用

图 4-4 从镜像网站可以下载各种版本的 Anaconda

图 4-5 找到合适的文件后可以直接下载

4.1.2 安装 Anaconda

如图 4-6 所示，下载 Anaconda 的安装文件后双击它（下载文件的文件名可能会与图 4-6 所示的不同，这是因为下载的版本会有差异），开始安装 Anaconda。

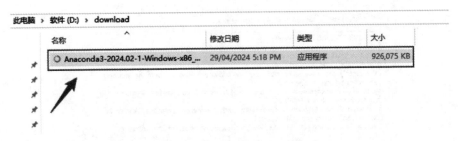

图 4-6 双击下载的文件后开始安装

稍后会弹出如图 4-7 所示的界面，点击"Next"。

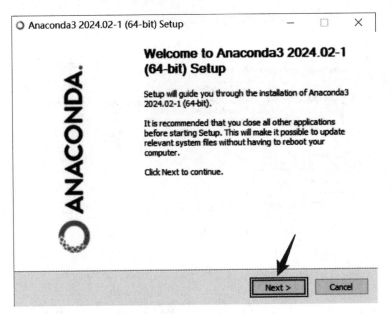

图 4-7 安装 Anaconda 的步骤 1

然后跳转到用户协议界面，如图 4-8 所示，点击"I Agree"。

如图 4-9 所示，在接下来选择安装类型这一步时，可以根据自己的需要选择"Just Me"或"All Users"。如果只希望以自己的名义登录计算机才能运行

Anaconda，就选择"Just Me"。如果希望所有能够登录这台计算机的用户都可以使用 Anaconda，就选择"All Users"。然后点击"Next"。

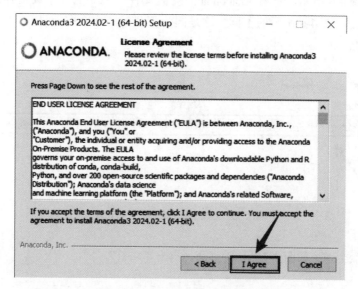

图 4-8　安装 Anaconda 的步骤 2

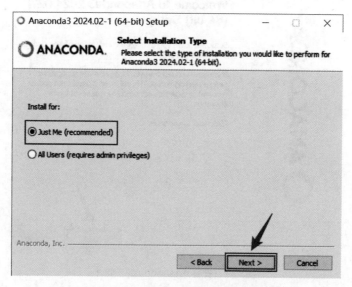

图 4-9　安装 Anaconda 的步骤 3

接下来如图 4-10 所示，选择安装路径（默认安装在 C 盘）。如果 C 盘的剩余空间不是很充裕，建议安装到 D 盘或其他盘，这样可以避免占用过多的

C盘系统空间。图4-10中选择E盘为安装目录。注意：安装路径的文件夹名称不能有中文汉字等全角字符，也不要存在空格或其他特殊字符。然后点击"Next"。

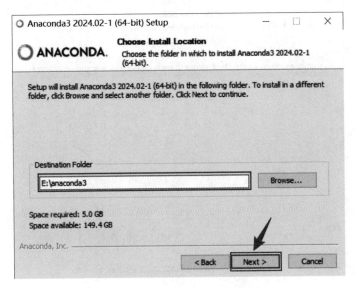

图4-10　安装Anaconda的步骤4

此时如图4-11所示，建议勾选上最后一个选项，点击"Install"开始安装。

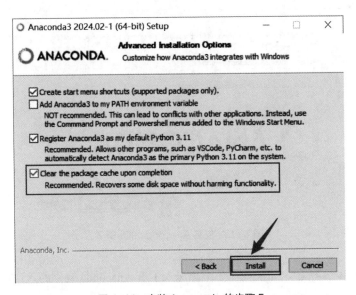

图4-11　安装Anaconda的步骤5

在安装时中途不要退出或关闭计算机以防止安装失败。然后分别如图4-12和图4-13所示，点击"Next"继续下一步。

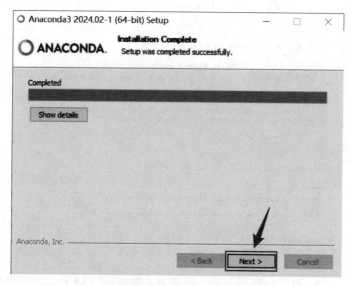

图 4-12　安装 Anaconda 的步骤 6

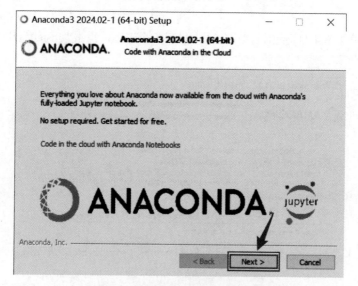

图 4-13　安装 Anaconda 的步骤 7

如图 4-14 所示，如果现在还不想深入了解 Anaconda 提供的入门教程，就可以不勾选第二个选项。点击"Finish"完成安装。

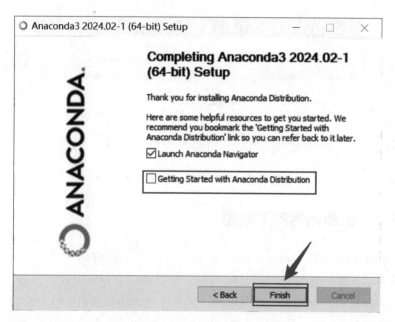

图 4-14 安装 Anaconda 的步骤 8

如果在图 4-14 中勾选了第一个选项，点击"Finish"后就自动进入 Anaconda Navigator 页面（如图 4-15 所示），说明安装成功了。

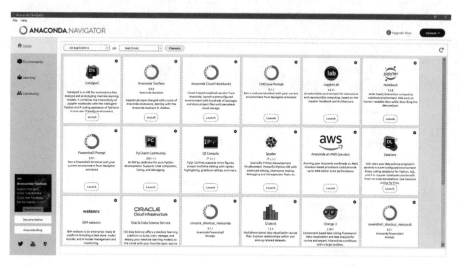

图 4-15 安装 Anaconda 的步骤 9

此时如果弹出了 Anaconda Navigator 的更新页面（如图 4-16 所示），可以点击"Yes"完成更新，也可以直接关闭它（不进行更新）。

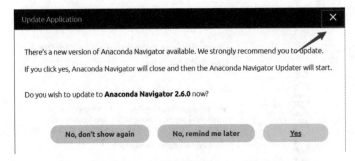

图 4-16　安装 Anaconda 的步骤 10

4.1.3　配置国内的下载源

Anaconda 的官方源（默认源）在国外。对于国内用户而言，由于物理距离远、网络传输延迟和较低的带宽等原因，会导致下载安装包、更新 Anaconda 环境或依赖项时速度很慢，甚至可能出现连接超时或中断的情况。为了解决这些问题，建议国内用户将 Anaconda 的下载源更改为国内的镜像，如将清华镜像源或阿里源、豆瓣源配置为下载源。

如果是选择清华镜像源，可以按照图 4-17 所示的步骤找到 Anaconda Prompt 并单击进入：①点击 Windows 操作系统左下角放大镜的图标。②输入 "anaconda"。③出现 "Anaconda Prompt" 后点击它。

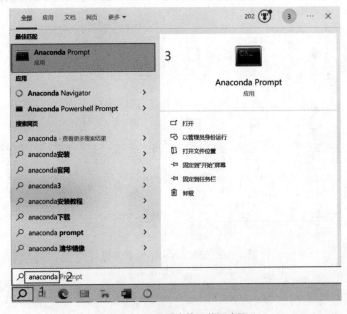

图 4-17　配置国内的下载源步骤 1

接下来如图 4-18 所示，分别完成以下工作。

① 在命令行中输入以下命令，添加清华镜像源为下载通道：

```
conda config --add channels https://……………………………………
/free/
```

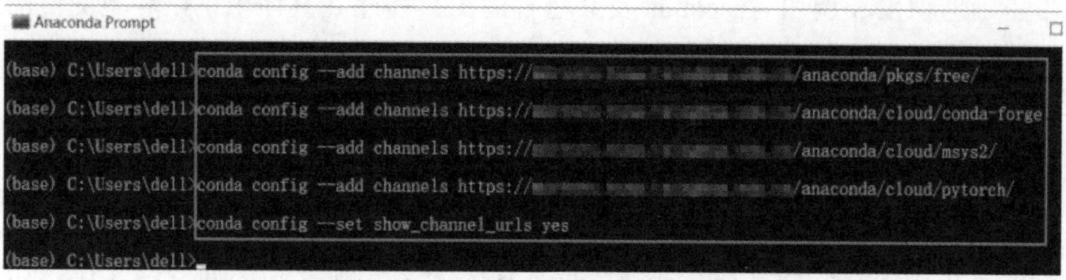

图 4-18　配置国内的下载源步骤 2

② 添加当前通道清华镜像源的 URL。它提供了大量由第三方维护的 Python 包和工具，代码如下：

```
conda config --add channels https://mirrors.tuna.tsinghua.
edu.cn/anaconda/cloud/conda-forge
```

③ 清华源还提供了 Anaconda 仓库与第三方源（conda-forge、msys2、PyTorch 等）的镜像。一般情况下我们都是需要 PyTorch 的，所以还需要添加 PyTorch 的镜像：

```
conda config --add channels https://mirrors.tuna.tsinghua.
edu.cn/anaconda/cloud/msys2/
conda config --add channels https://mirrors.tuna.tsinghua.
edu.cn/anaconda/cloud/pytorch/
```

④ 输入下面的命令以设置清华镜像源为首选：

```
conda config --set show_channel_urls yes
```

完成上述工作后可以查看所安装的 Anaconda 和 Python 的版本。在 Anaconda Prompt 里输入：

```
conda --version
python
```

就会出现如图 4-19 所示的 conda 和 Python 的版本号。

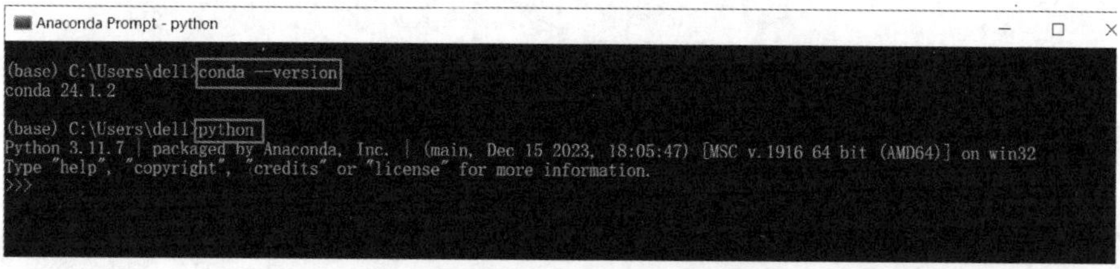

图 4-19　配置国内的下载源步骤 3

4.2 配置 Anaconda 的环境变量

安装完 Anaconda 后就要进行配置。配置环境变量主要是为了在操作系统中正确地识别和调用 Anaconda 及其包含的工具和库。具体来说，环境变量的配置允许系统知道在哪里可以找到 Anaconda 的可执行文件（如 conda、python 等）和相关的库文件。

配置完成后，当在命令行中输入"conda"或"python"等命令时，操作系统会根据环境变量中设置的路径来查找这些命令对应的可执行文件。如果没有正确配置环境变量，系统可能无法找到这些命令，从而导致无法使用 Anaconda 提供的工具和库。

此外，配置环境变量还可以帮助在不同的项目或环境中使用不同版本的 Python 库，这是通过 conda 环境管理器来实现的。conda 环境管理器允许在同一台机器上创建多个 Python 环境，并可以在这些环境之间轻松切换。而环境变量的配置则确保了可以在任何时候都能方便地访问和使用这些环境。

因此，配置环境变量是使用 Anaconda 的重要步骤之一，是充分利用 Anaconda 的强大功能并提高工作效率的必要工作。具体操作流程如下。

① 如图 4-20 所示，在计算机的桌面上用鼠标右键点击"此电脑"后点击"属性"。

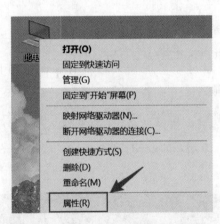

图 4-20　配置 Anaconda 的环境变量步骤 1

② 如图 4-21 所示，找到"高级系统设置"后点击进入。

③ 如图 4-22 所示，点击"环境变量"。

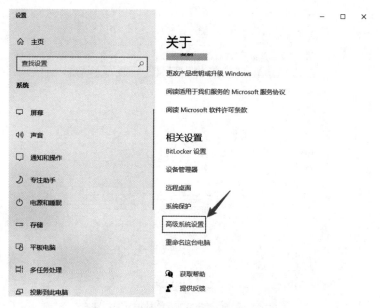

图 4-21　配置 Anaconda 的环境变量步骤 2

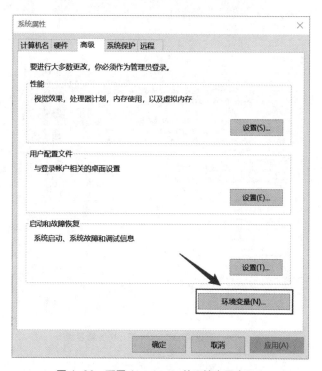

图 4-22　配置 Anaconda 的环境变量步骤 3

④ 如图 4-23 所示，找到"系统变量"下的"Path"并点击，然后进入"编辑"。

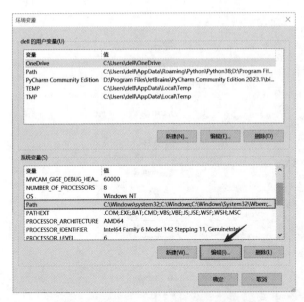

图 4-23　配置 Anaconda 的环境变量步骤 4

⑤ 如图 4-24 所示，按照步骤执行：

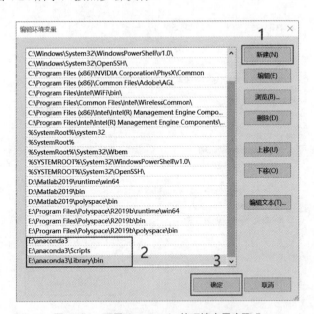

图 4-24　配置 Anaconda 的环境变量步骤 5

a. 点击"新建"，然后输入自己的路径，这里为 E:\anaconda3，再点击"新建"并输入 E:\anaconda3\Scripts，再次点击"新建"并输入 E:\anaconda3\Library\bin。

b. 此时刚刚输入的三个路径就会出现在图 4-24 的左侧列表中。

c. 点击"确定"。然后如图 4-25 和图 4-26 所示，再依次点击"确定"。

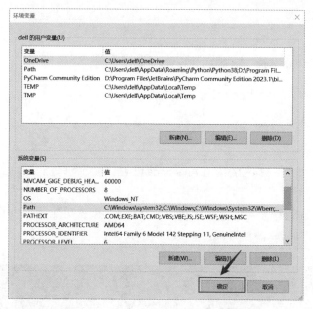

图 4-25　配置 Anaconda 的环境变量步骤 6

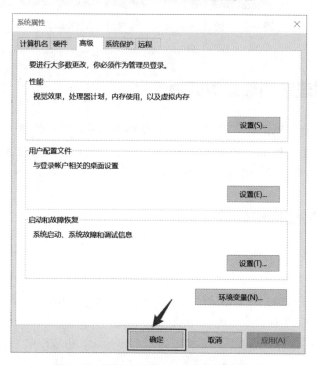

图 4-26　配置 Anaconda 的环境变量步骤 7

现在验证是否配置成功。点击 Win+R 键，如图 4-27 所示在对话框中输入
"cmd"。

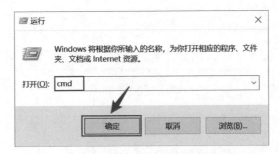

图 4-27　验证 Anaconda 配置是否成功的步骤 1

如果能够出现图 4-28 所示的 conda 版本号，就说明配置成功了。

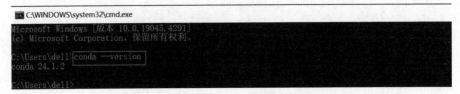

图 4-28　验证 Anaconda 配置是否成功的步骤 2

4.3　创建和删除虚拟环境

虚拟环境是 Python 中用来管理项目依赖的工具，通过创建一个虚拟环境
能够独立地运行 Python 程序，而不会相互影响不同项目之间的依赖关系。创
建虚拟环境也是使用深度学习的必备工作。

4.3.1　创建虚拟环境

创建虚拟环境有两种方法。

① 创建虚拟环境的第一种方法是使用 Anaconda 自带的图形界面工具
Anaconda Navigator，见图 4-29。点击左侧的"Environments"进入环境页面，
点击"Create"图标开始创建。

在弹出的窗口中输入环境名称，如图 4-30 所示，可以命名为 test，然后选
择所需的 Python 解释器版本，点击"Create"按钮完成创建。

图 4-29　创建虚拟环境步骤 1

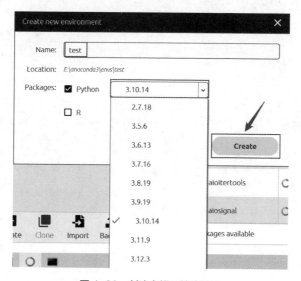

图 4-30　创建虚拟环境步骤 2

　　创建新环境需要一点时间，需耐心等待。创建完成后如图 4-31 所示，出现了矩形框中的"test"这个新环境。

　　此时如果还需要安装一些必要的库，可选择图 4-32 中的"Installed"并换成"Not installed"，就会列出所有的还没有被安装的库。然后如图 4-33 所示搜索需要安装的库，例如要安装 numpy 就直接搜索 numpy，在下面会出现很多包含 numpy 的库。找到所需的库并选中它，然后点击下面的"Apply"直接完成库文件的下载和安装。

图 4-31　创建虚拟环境步骤 3

图 4-32　创建虚拟环境步骤 4

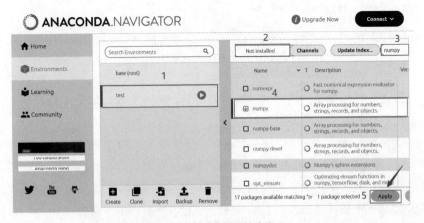

图 4-33　创建虚拟环境步骤 5

深度学习入门与实战

在安装 numpy 的同时还需要安装一些依赖项才能使 numpy 正常运行。如图 4-34 所示，在弹出的对话框中点击"Apply"后就会自动地安装这些依赖项。

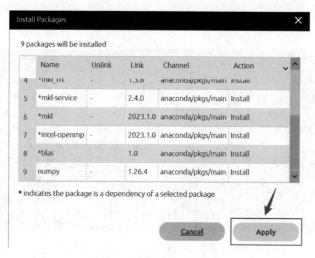

图 4-34　创建虚拟环境步骤 6

安装成功后，在虚拟环境里就可以看到已经装完的库名称了，如图 4-35 所示。

图 4-35　创建虚拟环境步骤 7

② 创建虚拟环境的第二种方法是使用 cmd 命令行，这种方式适用于熟练掌握命令行使用的用户。按下 Win+R 键，输入 cmd 后点击进入，然后通过命令

```
cd /d E:\anaconda3\envs
```

切换到想要创建虚拟环境的目录。然后输入命令行

```
conda create -n learn python=3.11
```

创建一个名称为 learn 并且 Python 解释器为 3.11 版本的虚拟环境（虚拟环境的名称 learn 和 Python 版本可根据需要自行选择）。此时会出现如图 4-36 所示的画面。

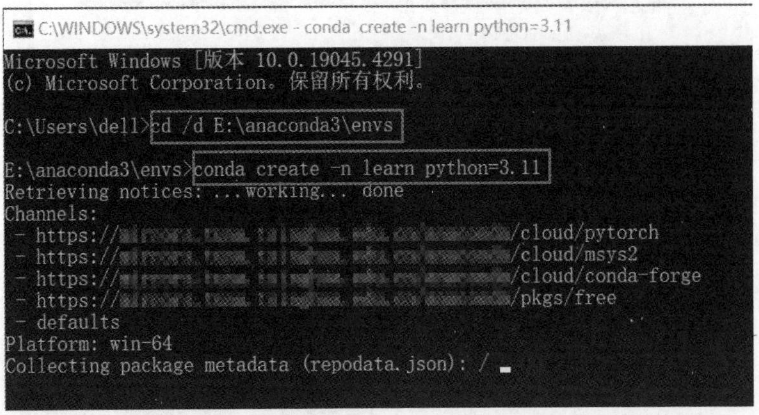

图 4-36　利用 cmd 命令行创建虚拟环境的步骤 1

如图 4-37 所示，在安装过程中还会询问是否确定安装上述这些包。输入"y"确定后将继续安装。当出现图 4-37 中箭头所指的语句时，证明创建环境成功了。

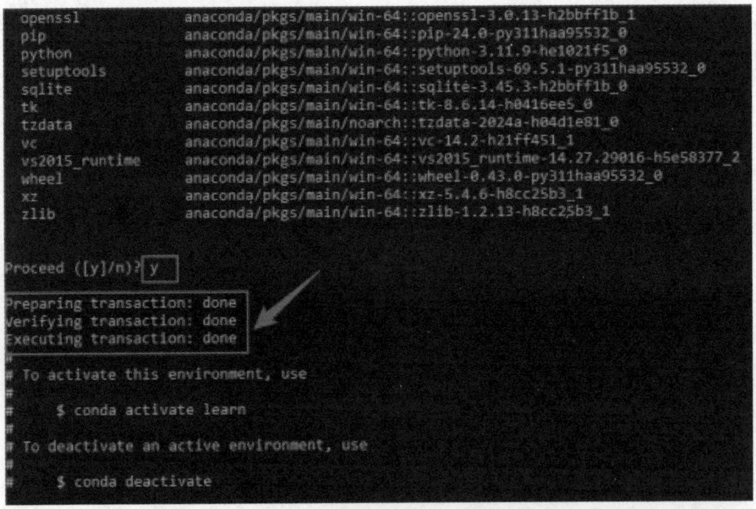

图 4-37　利用 cmd 命令行创建虚拟环境的步骤 2

创建成功之后就可以使用 conda activate learn（learn 是要被激活的环境名称）命令来激活虚拟环境。激活成功后环境名 learn 就会出现在路径前面，如图 4-38 中的第二行所示。如果使用上述命令"conda activate learn"时报错，也可使用"activate learn"（learn 是要被激活的环境名称）来激活环境。

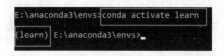

图 4-38　利用 cmd 命令行创建虚拟环境的步骤 3

激活环境后还需要安装必要的库。注意：在安装库之前必须先激活所在的环境（因为要将需要的库下载至该环境中）。

如图 4-39 所示，如果下载 numpy 库，可以直接输入命令行 pip install numpy 进行安装（此时不需要指定安装的版本）。当出现 Successfully installed，则说明安装成功。如果需要指定版本，那么就要使用命令 pip install numpy== 版本号。

```
(learn) E:\anaconda3\envs>pip install numpy
Collecting numpy
 Downloading numpy-1.26.4-cp311-cp311-win_amd64.whl.metadata (61 kB)
 ---------------------------------------- 61.0/61.0 kB 130.3 kB/s eta 0:00:00
Downloading numpy-1.26.4-cp311-cp311-win_amd64.whl (15.8 MB)
 ---------------------------------------- 15.8/15.8 MB 149.4 kB/s eta 0:00:00
Installing collected packages: numpy
Successfully installed numpy-1.26.4
```

图 4-39　利用 cmd 命令行创建虚拟环境的步骤 4

上述的下载与安装速度较慢，一般使用清华镜像源下载。如图 4-40 所示，命令为

```
pip install numpy -i https://pypi.tuna.tsinghua.edu.cn/simple
```

```
(learn) E:\anaconda3\envs>pip  install numpy -i https://pypi.tuna.tsinghua.edu.cn/simple
Looking in indexes: https://pypi.tuna.tsinghua.edu.cn/simple
Collecting numpy
 Downloading https://pypi.tuna.tsinghua.edu.cn/packages/3f/6b/5610004206cf7f8e7ad91c5a85a8c71b2f2f8051a0c0c4d5916b76d6c
bb2/numpy-1.26.4-cp311-cp311-win_amd64.whl (15.8 MB)
 ---------------------------------------- 15.8/15.8 MB 1.3 MB/s eta 0:00:00
Installing collected packages: numpy
Successfully installed numpy-1.26.4
```

图 4-40　利用 cmd 命令从清华镜像源下载并安装 numpy

4.3.2　删除虚拟环境

当我们不再需要某个虚拟环境时就可以删除它。删除虚拟环境的第一种方法是在如图 4-41 所示的图形界面中选中要被删除（卸载）的环境，然后点击"Remove"图标。此时出现图 4-42 所示的确认对话框，点击"Remove"按钮就可以了。

删除虚拟环境的第二种方法是使用命令 conda remove -n learn --all（"learn"是要被删除的环境名）。在删除过程中也许会出现多次确认，如图 4-43 所示，输入"y"即可。

图 4-41 删除虚拟环境步骤 1

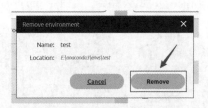

图 4-42 删除虚拟环境步骤 2

图 4-43 利用 cmd 命令删除虚拟环境

深度学习入门与实战

4.4　安装和配置 PyCharm

PyCharm 是一款由 JetBrains 开发的 Python 集成开发环境（IDE），专门用于 Python 编程。PyCharm 提供了许多功能，包括代码编辑、调试、版本控制、代码分析、自动完成、项目管理等，这些功能可以帮助开发者更高效地编写、调试和维护 Python 代码。PyCharm 的直观界面和丰富的功能，使得 Python 开发变得更加轻松。

4.4.1　安装 PyCharm

PyCharm 在官网上提供了两个版本，分别是 Professional（专业版）和 Community Edition（社区版）。

PyCharm Professional 提供了丰富的功能和工具，适用于复杂的 Python 和 Web 开发项目，但需要付费购买。PyCharm Community Edition 则更加轻量级，而且是免费的，适合基本的 Python 开发需求。如果没有特殊要求，一般下载社区版即可。

安装 PyCharm 时首先如图 4-44 所示，打开官网的下载界面，找到要下载的社区版 PyCharm Community Edition 后点击下载。该网站只能下载最新的版本。

图 4-44　安装 PyCharm 的步骤 1

下载完成后双击该文件，如图 4-45 所示点击"下一步"。

接下来选择要安装的位置，建议安装在 C 盘以外的其他盘内。如图 4-46，点击"下一步"。

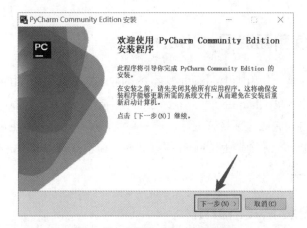

图 4-45　安装 PyCharm 的步骤 2

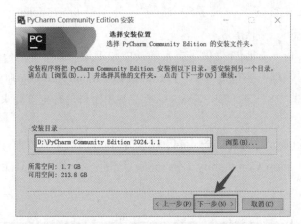

图 4-46　安装 PyCharm 的步骤 3

如图 4-47 所示，全部勾选各个选项后点击"下一步"。

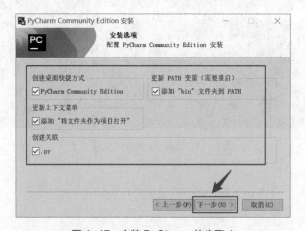

图 4-47　安装 PyCharm 的步骤 4

　　深度学习入门与实战

接下来的画面如图 4-48 所示，点击"安装"。

图 4-48　安装 PyCharm 的步骤 5

在 PyCharm 安装的最后阶段需要重新启动计算机。可以选择立即重新启动，也可以如图 4-49 所示选择稍后重新启动。

图 4-49　安装 PyCharm 的步骤 6

4.4.2　使用 PyCharm

安装完 PyCharm 后打开该软件，如图 4-50 所示点击"New Project"可以新建项目，也可以点击"Open"打开已有的项目。

图 4-50　PyCharm 的开始画面

　　此时会出现如图 4-51 所示的画面。其中标号 1 是项目名称（在新建项目时可以自定义），标号 2 是项目的保存位置（可以自行更改），标号 3 是解释器的类型（由于之前已经安装了 conda，所以这一步选择 Base conda 即可）。当我们选择了 conda 之后，标号 4 的内容就可以不用管了。

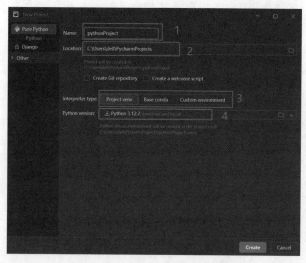

图 4-51　PyCharm 中的项目信息

　　但如果还没有安装相关的一些模块，就可能出现如图 4-52 所示的画面（显示出没有找到 conda）。例如在新建一个项目时，确定了自定义的项目名称和存放位置之后，如果选择的解释器为 Base conda 但系统没有找到它，那么就要人为地按照箭头所指去选择安装 conda 的路径，也可以选择安装 Miniconda（即点击"Install Miniconda"）。

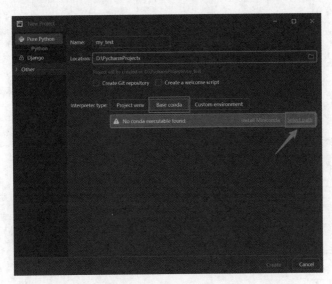

图 4-52　需要为系统没有找到的模块指定安装时的位置

假设之前安装的 Anaconda 是 E:\anaconda3\Scripts\conda.exe，那么就如图 4-53 所示，找到该路径并点击"OK"。

图 4-53　给出模块的安装位置和文件名

此时如图 4-54 所示，点击"创建"或英文"Create"，一个新的项目就创建成功了。

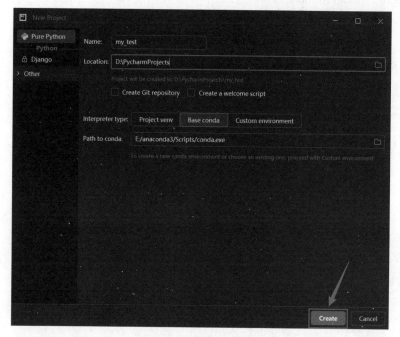

图 4-54　创建了新的项目

创建成功后就会进入该项目的界面。接下来就是在项目中新建 Python 文件。按照图 4-55 的步骤：①用鼠标右击项目名称；②然后点击 New（新建）；③选择"Python File"；④如图 4-56 所示，在弹出的窗口中选择"Python file"。

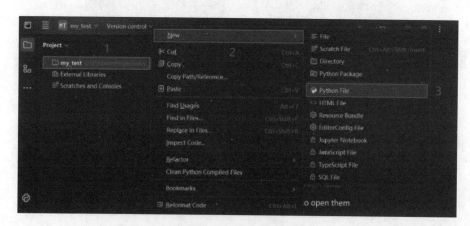

图 4-55　在项目中新建文件

 深度学习入门与实战

图 4-56 新文件为"Python file"

4.4.3 添加解释器

在 PyCharm 中运行 Python 代码时还需要配置一个 Python 解释器，而配置解释器的前提是已经安装了 Anaconda。因此，可按照本章的前后顺序依次完成各个模块的安装与配置。

如图 4-57，当画面右下角出现"No interpreter"时点击它，然后选择"Interpreter Settings..."进行设置。

(a) 添加Python解释器

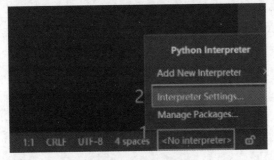

(b)放大了图(a)的右下角部分

图 4-57 添加 Python 解释器步骤 1

如图 4-58 所示，在随后出现的新画面中选择"Python Interpreter"，点击
"Add Interpreter"并选择"Add Local Interpreter..."（添加本地解释器）。

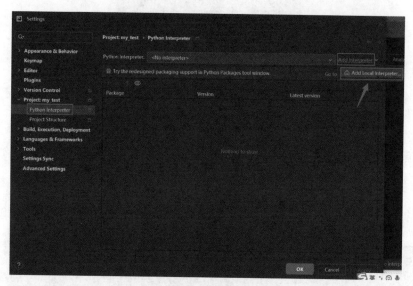

图 4-58　添加 Python 解释器步骤 2

现在指定 conda 的可执行文件，选择如图 4-59 所示路径下的文件（安装
路径请根据实际情况确定）并点击"OK"。

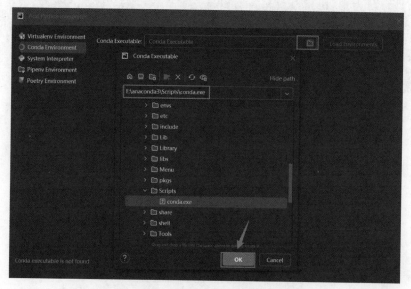

图 4-59　添加 Python 解释器步骤 3

找到 conda 的可执行文件后，按照图 4-60 中的步骤选择之前已创建的本地环境。

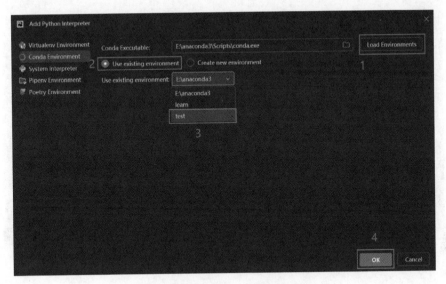

图 4-60　添加 Python 解释器步骤 4

此时如图 4-61 所示，可以看到该虚拟环境中的各种包，点击"OK"。

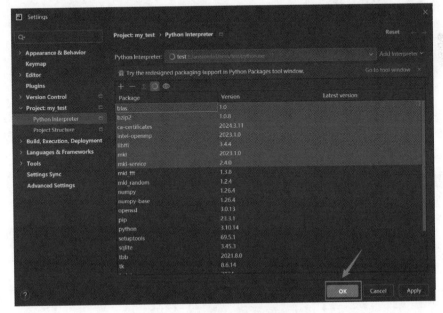

图 4-61　添加 Python 解释器步骤 5

添加解释器成功后在画面右下角会显示环境名称"test"。可以用鼠标右击代码界面并选择运行（Run）该代码，画面如图4-62所示。

图4-62　深度学习的运行环境搭建完成

至此，一个虚拟环境就配置好了。本书后面将要介绍的几个实践案例的代码就可以在相配套的虚拟环境中运行了。

4.5　本章小结

本章介绍了搭建深度学习运行环境的步骤，请按照顺序依次完成各模块的下载、安装和配置工作。在此过程中可能会出现各种意想不到的问题，这些问题既有可能是某些模块升级之后产生的版本不兼容，也有可能是整个系统在进行多次修改后产生了一些混乱，还有可能是读者自己输入的实验代码错误引起的。此时可以请教有经验的专家、老师、朋友或者同学，也可以查阅网上资源或者相关书籍、文献。手头最好准备一个笔记本，随时记录下各种心得以及出现的问题及其解决的方法和具体步骤。这些都是实践深度学习和提高自身编程水平的好方法。

从下一章开始，每章都将介绍一个深度学习在不同领域实践应用的案例。

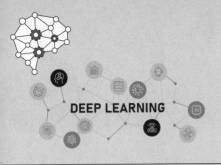

DEEP LEARNING

下部
深度学习实战

第 5 章

基于 YOLOv8 的黄花菜成熟度视觉检测

- **了解：** YOLO系列深度学习模型的发展、基本结构和算法基础。
- **熟悉：** 数据的采集与处理过程，以及如何选择和使用数据集。
- **理解：** YOLOv8进行实践的步骤，以及对模型进行优化的基本思路。
- **掌握：** 运行与调试基于YOLOv8的黄花菜成熟度视觉检测系统并分析结果。

　　农业领域一直在不断探索如何借助计算机的视觉技术来提高作物的生产效率和质量。在农产品的生产和管理中，了解植物的成熟度对于实现最佳收获和资源利用至关重要。黄花菜作为一种重要的食用植物，对其生长过程的及时监测和成熟度的准确评估至关重要。传统的黄花菜采摘通常依赖于人工检查和经验判断，这种方式存在人力成本高、效率低下的问题。随着计算机视觉和深度学习技术的迅猛发展，目标检测技术已经成为解决这一问题的有效手段。

5.1　数据的采集与处理

　　随着深度学习的快速发展，图像分类识别任务已经成为计算机视觉领域的热点之一。而要提高图像分类识别任务的性能，一个关键因素就是拥有或者自行制作高质量的图像分类数据集。本节将介绍深度学习图像分类数据集的制作方法和流程，包括数据采集、图像预处理和图像标注等环节。读者也可以举一反三，将这些数据集的制作与处理技术应用于其他领域。

5.1.1 数据采集

在深度学习图像分类数据集的制作过程中，数据采集是第一步。通常，数据采集主要包括以下两种方式。

① 从公开数据集中获取。公开数据集通常提供了大量已经标注好的图像，因此可以立即开始深度学习模型的训练和测试。公开数据集通常包含多种类别，能够覆盖广泛的应用场景，并且图像质量和标注的准确性相对较高。常用的公开数据集有：a. ImageNet，这是一个非常大的图像数据库，用于视觉对象识别软件的研究与开发，包括了超过 1400 万张经过标注的图像。b. COCO（common objects in context），它提供了大量在生活中常见对象的图像，并且包含详细的场景信息和对象分割。c. OpenImages，是由 Google 提供的大规模图像数据集，包含 900 个类别的 900 万张图像。

② 自建数据集。在某些应用场景下，我们可能需要对特定类别或主题的图像进行分类，此时就需要自建数据集。我们可以通过爬虫技术或手动收集方式从互联网上或现实生活中获取相关图像，并自行标注其类别信息。

本节使用的黄花菜图像数据集属于自建数据集，采集到的黄花菜成熟类型包括三种，分别是未成熟的黄花菜、成熟的黄花菜和成熟过度的黄花菜。在使用农业机器人收获黄花菜的时候，如果发现是未成熟的黄花菜则不能采摘，如果判断是成熟的黄花菜则可以采摘，如果是成熟过度的黄花菜则要采摘下来做另类处理。

黄花菜数据集的采集场景应该包括不同的自然光，如晴天、阴天，以及在不同时间段下的单目标（画面中只有一株黄花菜）、多目标（画面中有多株黄花菜同时出现），还包括黄花菜有无部分遮挡和同一画面中出现多种成熟类型等。然后将这些图像进行数据清洗，删除那些模糊或无效的图像数据，以及标签信息不完整或错误的图像。最终得到初始数据集 500 张，其中作为训练集的图像 350 张、验证集图像 100 张、测试集图像 50 张。

5.1.2 图像预处理

初始数据集包括了 500 张图像，但是作为深度学习的数据集其数量还是不够的。因此需要如图 5-1 所示，通过添加噪声、翻转、镜像及调整亮度等离线数据增强方法对原始图像进行扩充处理。其中翻转和镜像是两种常用的数据增强方法，它们可以有效地解决目标检测过程中算法对位置敏感的问题。翻转包括水平翻转和垂直翻转，可以将图像中的目标从一个位置移动到另一个位置来增加模型的鲁棒性。镜像则是将图像沿着某个轴进行反射，也可以达到类似的效果。这两种方法都可以在不改变图像内容的情况下直接增加数据量，以此来提高模型的训练性能。

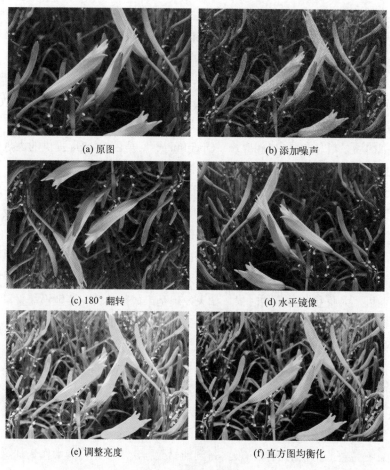

(a) 原图　　　　　　　　　　　　(b) 添加噪声

(c) 180°翻转　　　　　　　　　　(d) 水平镜像

(e) 调整亮度　　　　　　　　　　(f) 直方图均衡化

图 5-1　图像的预处理

　　直方图均衡化是一种用于调整图像亮度和对比度的有效方法，其原理是通过重新分配图像的灰度级，使得原始图像的像素值更均匀地分布在亮度范围内。根据具体情况选择合适的图像增强方法，如全局直方图均衡算法或局部直方图均衡算法。在全局直方图均衡中，整个图像被视为一个整体进行处理，不区分图像中的不同区域。而局部直方图均衡是将图像分割成多个局部区域，并分别对每个区域内的像素进行直方图均衡化处理。这样可以在保持图像整体对比度的同时，增强图像的局部细节。

5.1.3 图像标注

图像标注是指为图像添加文字描述或标签，以此来帮助计算机更好地理解、识别和分类图像。图像标注正确与否是深度学习模型训练成功与否的关键一步。

（1）下载标注工具 LabelMe

LabelMe 是一个开源的图形图像注释工具，它可以帮助用户对图像中的物体、区域和特征进行标记和分类。LabelMe 支持多种标注方式，包括矩形、圆形、多边形、线段和点等，并且支持多种图像格式，如 JPEG、PNG、BMP、TIFF、GIF 等。适用于目标检测、图像分割等视觉任务。LabelMe 还支持视频标注并能够生成 VOC 和 COCO 格式的数据集，分别用于语义和实例分割任务。如图 5-2 所示，可以从 LabelMe 的官方网站下载该工具。

图 5-2　下载标注工具 LabelMe

（2）标注黄花菜数据集

使用 LabelMe 进行图像标注的流程如下。

① 如图 5-3 所示，启动 LabelMe 并打开文件（File）选项，取消勾选的 [Save With Image Data]。如果选中它的话，在形成的 Json 文件里将带有图像数据，这会增大 Json 文件的大小。然后勾选 [Save Automatically] 来自动保存标注完的图像。

② 如图 5-4 所示，单击 [Open Dir] 打开要标注的图像文件夹，或者点击 [Open] 打开单张图像。

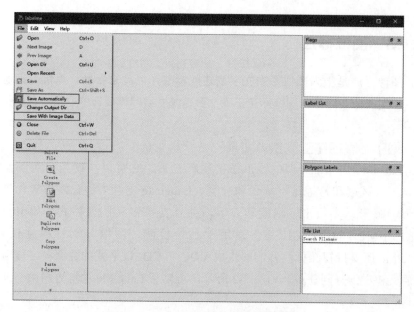

图 5-3　用 LabelMe 标注数据集的步骤 1

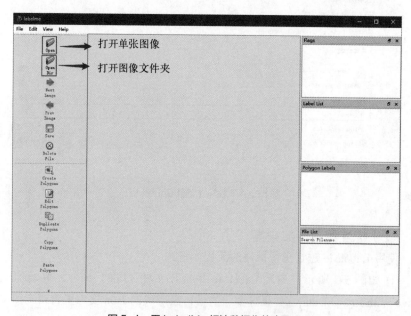

打开单张图像

打开图像文件夹

图 5-4　用 LabelMe 标注数据集的步骤 2

③ 如图 5-5 所示，选择菜单 Edit 下的 [Create Rectangle]，使用矩形框标注。

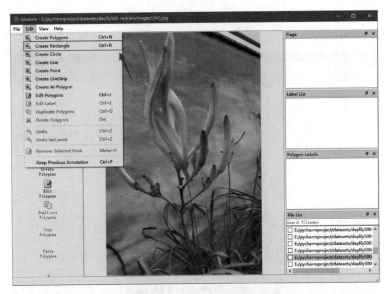

图 5-5　用 LabelMe 标注数据集的步骤 3

④ 如图 5-6 所示，在图像上进行标注。可以使用鼠标点击以生成多边形的点，然后输入标签名称。如果需要修改标注，可以编辑标签或标注的名称。

图 5-6　用 LabelMe 标注数据集的步骤 4

⑤ 如图 5-7 所示，标注完成后点击 [Next Image] 就可以对已经标注的图像进行自动保存，LabelMe 会在图像所在路径下生成同名的 Json 文件。如果要

修改之前刚刚标注过的图像，可点击 [Prev Image]。

图 5-7　用 LabelMe 标注数据集的步骤 5

5.2　YOLOv8 算法简介

YOLO（you only look once）系列算法以其快速、高效的目标检测能力而被广泛使用，它通过将目标检测任务转化为单一的回归问题来进行实时的目标检测。

5.2.1　YOLO 系列算法的发展历程

YOLO 系列算法的每次迭代更新都带来了显著的改进和性能提升。其发展历程最早可以追溯到 Joseph Redmon 在 2015 年提出的 YOLOv1 [1]，这是 YOLO 系列的开山之作。YOLOv1 首次将目标检测任务转化为单个回归问题。通过单次前向传播预测图像中的目标位置和类别。其网络结构借鉴了 GoogLeNet，包含 24 个卷积层和 2 个全连接层。将输入图像划分为 $S×S$ 个网格，每个网格预测 B 个边界框和类别概率。它以速度快和实时性著称，但精度上存在局限。

随后在 2017 年，Joseph Redmon 发布了 YOLOv2（也被称为 YOLO9000）[2]。其实是提出了 YOLOv2 和 YOLO9000 这两个模型，它们略有不同。YOLOv2

是 YOLOv1 的升级版，YOLO9000 的主要检测网络也是 YOLOv2，但它同时对数据集做了融合，使得模型可以检测 9000 多类物体。YOLOv2 在 YOLOv1 的基础上进行了多方面的改进，包括引入批量归一化、使用高分辨率图像进行训练，以及采用全卷积网络结构等。此外，YOLOv2 还使用了多尺度的预测和 Anchor Boxes 的概念，进一步提升了检测的准确率，在速度和准确性上都有显著提升。

在此之后 YOLO 系列继续发展，推出了 YOLOv3 [3]。YOLOv3 进一步改进了模型结构，采用了更深的结构作为主干网络，并引入了特征金字塔网络（FPN）来提高对不同尺度目标的检测能力。它将边界框分为不同大小的锚点框，可以提高对不同尺寸目标的检测能力。通过使用更细粒度的分类器提高目标类别的识别能力，进一步提升了检测的准确率和实时性。

此后的 YOLOv4 并非由原作者 Joseph Redmon 提出，但 YOLOv4 [4] 继续了 YOLO 系列的发展，引入 CSPNet（cross-stage partial network）作为骨干网络提高检测性能，引入 SPP-net（spatial pyramid pooling）结构增强算法对目标的感知能力。这个版本继续提升了算法的速度和准确性，同时简化了代码结构，使其更易于使用和部署。

YOLOv5 [5] 由 Ultralytics 推出，它进一步优化了网络的深度和宽度。采用了轻量级的网络结构，降低了计算复杂度。引入了预训练模型和数据增强技术。它的推理速度更快，模型的通用性更强，广泛应用于目标检测任务。

此后的 YOLOv6 [6] 引入了分层特征融合的思想，采用了多尺度预测模块和新的损失函数设计。YOLOv7 [7] 进一步优化了分层特征融合策略和多尺度预测模块，采用了知识蒸馏技术，提高了模型性能。

YOLOv8 [8] 引入了新型结构设计，如 CSPNeck 和对 SPP 模块的改进。采用了新的锚框生成策略和边框回归方法，优化了损失函数设计并采用了新型训练策略。

YOLO 算法的发展历程体现了深度学习在目标检测任务中的应用和进步，每一次迭代都在性能、速度和准确性上有所改进。YOLO 算法的普及也得益于其易于理解和实现的特点，以及对实时性的高度适应。随着技术的不断发展，YOLO 算法及其变种已经在工业界和学术界得到了广泛的应用和研究。

5.2.2 YOLOv8 算法

YOLOv8 作为目标检测领域的前沿技术，以其高效的检测速度和准确性在各类物体检测任务中取得了显著成绩，因此选用 YOLOv8 作为研究的基础框架，将其应用于黄花菜的识别与检测，可以为果蔬采摘自动化提供一种创新、智能的解决方案。

（1）YOLOv8 的基本思想

YOLOv8 将整个图像划分为 $S \times S$ 个固定数量的网格单元，并在每个单元内同时预测多个边界框及其对应的类别置信度。由于检测目标的大小不同，通常使用不同的网格尺寸同时对 640×640 大小的图像进行区域划分，使得小尺寸网格负责检测小目标，大尺寸网格负责检测大目标，然后对每个网格预测 B 个同一类别的边界框和 C 个不同类别的置信度。每个边界框包含五个参数值，分别为 P_c（置信度分数）、b_x 和 b_y（中心坐标）、b_h 和 b_w（高度和宽度）。P_c 反映了模型对边界框包含特定类别的对象的置信度。YOLOv8 的输出是一个大小为 $S \times S \times (B \times 5 + C)$ 的张量，应用非极大值抑制（NMS）来去除冗余的边界框预测和消除重复检测，比较预测边界框的重叠并只保留置信度最高的那个，从而实现目标的精准检测。

（2）YOLOv8 的网络结构

YOLOv8 的结构如图 5-8 所示，网络层次可以清晰地分为三部分，分别是主干网络（Backbone）、颈部网络（Neck）和头部网络（Head）。

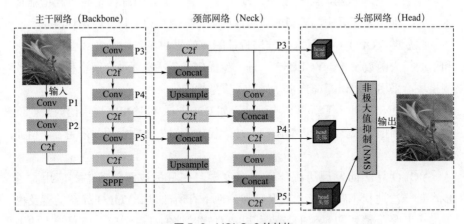

图 5-8　YOLOv8 的结构

① 主干网络（Backbone）。YOLOv8 的主干网络负责对输入图像进行特征提取，如图 5-9 所示，主要由 CBS 模块、C2f 模块和 SPPF 模块构成。

CBS 模块：由 Conv（卷积）、BatchNorm（batch normalization，BN，批量归一化）和 SILU（一种激活函数）组合而成，用于对输入图像或特征图进行卷积操作，使分辨率下降而通道数增加。例如，输入图像的分辨率从

640×640 经过多个 CBS 模块后可以变为 20×20，而通道数从 3 增加到 512。

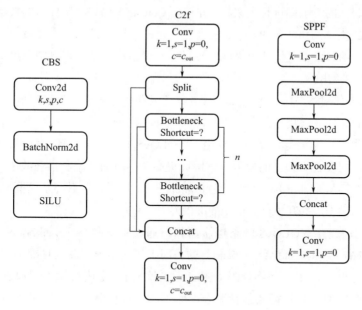

图 5-9　YOLOv8 的主干网络结构

C2f 模块：用于深度提取特征，其输出特征图和输入特征图的大小保持不变。内部通过多个分支和 Bottleneck（瓶颈）模块，增加了特征信息的丰富性同时减少了计算量。其中，Split 通常指将数据集或张量（tensor）分割成多个部分的操作。Bottleneck 是指网络中的一种结构或现象，用于减少计算量、参数量或特征维度，同时尽量保留有用信息。Shortcut（捷径连接）是一种网络结构设计，用于将输入直接传递到后面的层，通常用于解决深层网络中的梯度消失或梯度爆炸问题，并帮助模型更好地训练。Concat（连接）是一种将两个或多个张量（tensor）在某个维度上进行拼接的操作，在深度学习中是一种重要的特征融合方式，它通过拼接不同张量来增加特征的数量或通道数，有助于模型在后续层中更好地捕获和利用特征信息。

SPPF 模块：与 YOLOv5 中的类似，输出特征图和输入特征图的大小也保持不变。它通过连续三次的 MaxPool（最大池化）操作，结合每一层的输出，降低了计算量并增大了感受野。

② 颈部网络（Neck）。经过主干网络后会输出三个不同尺度的特征图（如 80×80、40×40 以及 20×20）并传送给颈部网络。

颈部网络的主要功能是对主干网络输出的特征图进行特征融合。如图 5-8

所示，它通过上采样的方式将不同尺度的特征图进行 Concat 操作，然后将融合后的特征图传递给下一层的 Head 网络。在图 5-8 中，Neck 网络沿箭头指向对 P3 和 P4 的特征图进行上采样，并使用 Concat 操作将上采样后的 P4 特征图与相应的主干网络中的 P4 特征图进行连接，经过 C2f 模块处理后得到 P3 小尺度特征的输出。类似地对 P4 和 P5 的特征图进行处理，得到中尺度 P4 和大尺度 P5 的输出。

③ 头部网络（Head）。Head 网络负责根据特定的类别数来生成相应的特征图。YOLOv8 采用了解耦头（decoupled-head）的方式来生成特征图，这意味着分类和检测头是分开的。相比于 YOLOv5 的耦合头设计，解耦头的设计使得每个尺度都有独立的检测器，因此提高了网络的训练和推理效率。另外，YOLOv8 还从 anchor-based 转变为了 anchor-free 的设计，抛弃了锚框（anchor）的概念，进一步提升了目标检测的准确性。

总而言之，YOLOv8 网络层次清晰，通过主干网络（Backbone）、颈部网络（Neck）和头部网络（Head）的协同工作，实现了高效且准确的目标检测任务。其中，主干网络通过 CBS、C2f 和 SPPF 模块对输入图像进行特征提取，颈部网络对特征图进行融合，而头部网络则根据特定需求生成相应的特征图。

5.3　基于 YOLOv8 的黄花菜成熟度检测实验

5.3.1　搭建实验环境

在第 4 章我们已经介绍了搭建深度学习运行环境的具体步骤，现在将它应用到具体的项目上。

首先为该项目创建独立的 Python 环境以避免不同项目间的依赖冲突。可以打开 Anaconda Navigator 应用程序或者使用 cmd 命令行来创建虚拟环境，将虚拟环境命名为 yolov8，在官方代码地址下载实验源代码。

在激活环境后安装必要的依赖项。通常在项目的 requirements.txt 文件里写明了该实验所需的全部包，我们只需按照它的提示下载即可。但是由于 PyTorch（torch）和它的计算机视觉库（torchvision）需要与计算机中已安装好的 CUDA 版本兼容，所以需要单独安装它们（可以通过访问 PyTorch 官网的安装指南来进一步了解）。因此要在 requirements.txt 文件中注释掉 torch 和 torchvision 行（然后要根据 CUDA 版本自行安装合适的 torch 和 torchvision）。

保存修改后的文件 requirements.txt 并在 cmd 终端输入以下命令：

```
pip install -r requirements.txt
```

现在在 cmd 终端输入命令 nvcc -V，查看当前使用的 CUDA 的版本。如图 5-10 所示，CUDA 的版本为 10.2。

图 5-10　查询 CUDA 的版本

查询到 CUDA 版本后去 PyTorch 官网查询对应的 torch 版本，然后输入如下命令进行安装：

```
conda install pytorch==1.10.0 torchvision==0.11.0
torchaudio==0.10.0 cudatoolkit=10.2 -c pytorch
```

安装完成后需要验证是否安装成功，可以逐行输入以下命令并按回车查看结果（下面各行中的符号 "#" 及其后面的文字是做解释说明用的，不必输入。符号 ">>>" 是自动出现的，也不必输入）。结果如图 5-11 所示。

```
Python                          # 输入Python, 进入Python指令
>>>import torch                 # 导入Pytorch
>>>torch.cuda.is_available()    # 验证CUDA是否能用（true表示能用）
>>>torch.__version__            # 查看Pytorch版本
>>>torch.version.cuda           # 查看cuda版本
>>> exit()                      # 退出Python指令
```

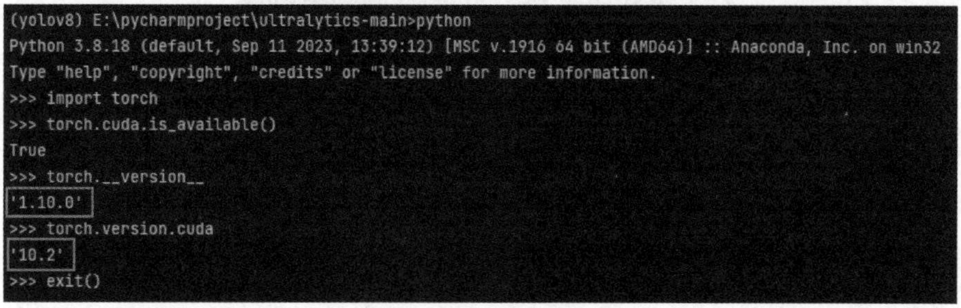

图 5-11　查看安装结果

表 5-1 给出了该项目的实验环境。

表5-1　实验环境参数

配置	环境
操作系统	Windows 10
编程语言	Python 3.8
深度学习框架	PyTorch 1.10
CUDA	Cuda 10.2
IDE	PyCharm 2021.1.1

5.3.2　代码目录结构

官网下载的原始代码结构如图 5-12 所示，主要包括如下部分。

图 5-12　原始代码结构

① .github 目录。包含 ISSUE_TEMPLATE（提供问题报告模板），以及 workflows（工作流）如 ci.yml（持续集成）、docker.yml（Docker 配置）等，用于自动化项目管理。

② docker 目录。该目录包含多个 Dockerfile，每个文件都是为不同环境或平台配置的。例如 Dockerfile 是主要的 Docker 配置文件，用于构建项目的默认 Docker 镜像；Dockerfile-arm64 是针对 ARM64 架构的设备定制的 Docker 配

置文件；Dockerfile-conda 是使用 Conda 包管理器配置环境的 Docker 配置文件。

③ docs 目录。通常用于存放文档资料，包括多种语言的翻译。包含重要的 Python 脚本和配置文件，如 build_docs.py（用于自动化构建和编译文档的过程）和 mkdocs.yml（MkDocs 配置文件，用于指定文档网站的结构和设置）。

④ examples 目录。提供不同编程语言和平台的 YOLOv8 实现示例。例如 YOLOv8-CPP-Inference 包含了用 C++ 语言实现的 YOLOv8 推理示例。

⑤ tests 目录。通常包含用于测试 YOLOv8 功能和性能的测试用例。

⑥ ultralytics 目录。包括 README.md（项目说明文件）和 requirements. txt（依赖项列表）等文件。

与之对应，本实验所需的代码结构如图 5-13 所示。对比图 5-12，我们新增了以下几个目录和文件。

图 5-13　本实验的代码结构

runs 目录：存储训练或评估过程中生成的结果和日志文件。

daylily.yaml：用于配置模型的训练、验证和测试参数。放置在图 5-13 所示的文件夹 ultralytics-main/dataset/daylily 之中。

detect.py：用训练好的模型在新的图像或视频上进行检测。

train.py：用于训练 YOLOv8 模型。

val.py：用于验证模型的性能。

yolov8n.pt：预训练权重文件，需要自己下载并放到该位置。

5.4 实验过程及其结果

本节介绍基于 YOLOv8 的黄花菜成熟度视觉检测的实验过程及其实验结果。其中实验过程分为两个阶段，分别是训练网络和测试模型。

5.4.1 训练网络

在 ultralytics-main/dataset/daylily 目录下建立自己数据集的 yaml 文件，命名为 daylily.yaml，代码如下。

```
# 数据集在datasets目录下的文件夹路径
path: E:/pycharmproject/ ultralytics-main/dataset/daylily
# 训练集、验证集、测试集相对于path的路径（一般不用区分验证集和测试集，统称测试集）
train: train/images
val: val/images
test: val/images
# number of classes。分为immature（未成熟）、mature（成熟）和
overmature（过熟）
names:
    0: immature daylily
    1: mature daylily
    2: overmature daylily
```

在根目录下新建 train.py 文件，输入以下代码。表 5-2 给出了各参数的意义。

```
from ultralytics import YOLO
if __name__ == '__main__':
# 加载模型
    model = YOLO("yolov8n.pt")   # 加载预训练模型（建议用于训练）
# 使用模型
    # 训练模型，这里的daylily.yaml文件为上述新建的yaml文件
    model.train(data='ultralytics/cfg/datasets/daylily.yaml',
                cache=False,
                imgsz=640,
                epochs=100,
                batch=32,
                workers=4,
                device='0',
```

```
project='runs/train',#保存路径
name='exp',#保存的文件名称
)
```

表5-2　train.py文件中的参数说明

参数名称	参数说明
imgsz	输入图像的大小。默认值为 640
batch	批处理大小
epochs	训练的轮数。每一轮训练都会遍历整个数据集一次
workers	数据加载的工作进程数
device=0	训练的设备，如 GPU 的 ID 或 CPU。这里为 GPU
cache	是否缓存图像数据以加速训练。注意，这个参数可能会消耗大量内存。默认值为 False

运行文件 train.py 开始训练模型，训练的过程如图 5-14 所示。

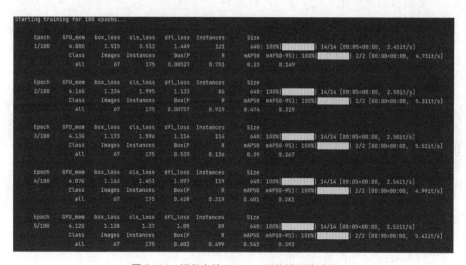

图 5-14　运行文件 train.py 训练模型的过程

训练结束后会在 runs/train/exp 文件夹中生成结果，如图 5-15 所示。在 weights 里包含 best.pt 和 last.pt 文件。其中，best.pt 代表了验证集上表现最好的模型权重，适用于推理和部署阶段；而 last.pt 代表了最后一次训练迭代结束后的模型权重，适用于继续训练模型或进行推理和评估。

针对训练的效果还会有一些评价指标的曲线结果，这部分内容将在 5.4.3 节进行介绍。

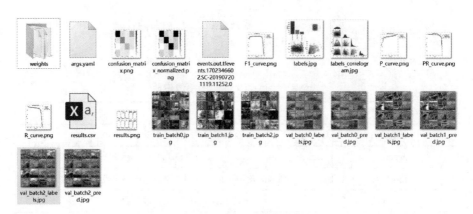

图 5-15　训练模型后的结果

5.4.2　测试模型

在根目录下新建 val.py 文件，内容为

```
from ultralytics import YOLO
if __name__ == '__main__':
# 加载模型
    model = YOLO("runs/train/YOLOv8/weights/best.pt")    #用自
己训练好的模型测试
    # 测试训练好的模型
    model.val(data='ultralytics/cfg/datasets/daylily.yaml',
              split='test',
              imgsz=640,
              batch=1,
              project='runs/val',#保存路径
              name='exp',#保存的文件名称
              )
```

在根目录下新建 detect.py 文件，内容如下。其中采用了我们训练好的权重文件 best.pt 对新图像进行检测。

```
from ultralytics import YOLO
if __name__ == '__main__':
    model = YOLO('runs/train/YOLOv8/weights/best.pt') #
select your model.pt path
    model.predict(source='runs/test',#要预测的图像路径
                  project='runs/detect',
                  name='exp',
                  save=True,
                  )
```

运行 detect.py 文件得到最终的检测结果，如图 5-16 所示。

(a) 未成熟的黄花菜   (b) 成熟的黄花菜

(c) 包含未成熟和成熟过度两种黄花菜类型

图 5-16　检测结果

5.4.3　分析结果

实验结果是否满足要求是要通过客观的评判标准来进行分析的。在深度学习中，一般可以采用如下几个评判指标，其中前四个指标的计算公式为式（5-1）。

① 准确率 (precision，P) 表示模型正确预测为正类别的样本数占所有预测为正类别的样本数的比例。

② 召回率 (recall，R) 表示模型正确预测为正类别的样本数占所有实际为正类别的样本数的比例。

③ $F1$ 值考虑了准确率和召回率，是二者的调和平均数。

④ 平均精度 (mean average precision，mAP) 表示模型在不同类别上的平均精度，它是一个数值指标，用于评估目标检测模型在多个类别上的平均性能。

⑤ 使用帧速率（FPS）表示模型每秒处理图像的帧数，它是模型的推理速度的度量。

⑥ 每秒 10 亿次的浮点运算数（GFLOPS）。

$$P = \text{TP} / (\text{TP} + \text{FP})$$
$$R = \text{TP} / (\text{TP} + \text{FN})$$
$$F1 = 2 \times P \times R / (P + R) \tag{5-1}$$
$$\text{mAP} = \frac{1}{C} \sum_{k=i}^{N} P(k) \Delta R(k)$$

在式（5-1）中，TP 为检测图像为成熟黄花菜且网络模型将其也预测为成熟黄花菜的样本数量；FP 表示检测图像不是成熟黄花菜而被预测为成熟黄花菜的样本数量；FN 表示检测图像不是成熟黄花菜且没有被预测为成熟黄花菜的样本数量；C 为类别的数量；N 为引用阈值的数量；k 为阈值。

图 5-17 给出了实验结果。图 5-17（a）为 precision-confidence 曲线（精度 - 置信度曲线，简称为 P 曲线），它展示了模型在不同置信度阈值下的精度表现。通常会根据精度 - 置信度曲线来选择一个合适的置信度阈值，以便在精度和召回率之间做出权衡。"all classes 1.00 at 0.952"表示当置信度取 0.952 时，三种不同成熟度黄花菜的检测精度平均值为 1.00（100%）。图 5-17（b）为 recall-confidence 曲线（召回率 - 置信度曲线，简称为 R 曲线），它可以帮助理解模型在不同置信度水平下识别正类样本的能力。在实际应用中，召回率和置信度之间往往存在权衡。如果提高置信度的阈值可能会导致召回率下降，这是因为一些实际为正类的样本可能由于置信度不足而被模型错误地预测为负类。相反，如果降低了置信度阈值就可能会提高召回率，但也会增加误报（将负类

样本错误地预测为正类）的风险。"all classes 0.97 at 0.000"表示当置信度取0时，三种不同成熟度黄花菜的召回率度平均值为0.97。图5-17（c）为 $F1$-confidence 曲线（$F1$ 分数 - 置信度曲线，简称为 $F1$ 曲线），它可以帮助理解模型在不同置信度水平下综合性能的表现。在实际应用中，$F1$ 分数和置信度之间也存在权衡。如果提高置信度的阈值可能会导致 $F1$ 分数下降，因为这可能会同时降低精度和召回率，使得模型在识别正类样本和避免误报方面的性能都变差。相反，如果降低置信度的阈值就可能会提高 $F1$ 分数，但这也取决于具体的数据集和任务，因为过低的置信度阈值可能会导致大量的误报，从而降低整体性能。"all classes 0.9 at 0.584"表示当置信度取 0.584 时，三种不同成熟度黄花菜的 $F1$ 平均值为 0.9。图5-17（d）为 precision-recall 曲线（精度 - 召回率曲线，也被称为 P-R 曲线），它是一条用于评估分类模型性能的曲线，特别是在处理不平衡数据集时非常有用。在目标检测任务中，对于每个类别都会生成一条 P-R 曲线，然后计算其平均精度（AP）。将不同类别的平均精度值最终再取平均就得到了最终的 mAP 值。"all classes 0.945 mAP@ 0.5"表示在所有的三种不同成熟度黄花菜类别上，当 IoU（交并比）阈值为 0.5 时，目标检测模型的平均精度均值为 0.945。这一指标越高就说明模型在目标检测任务中的性能越好。

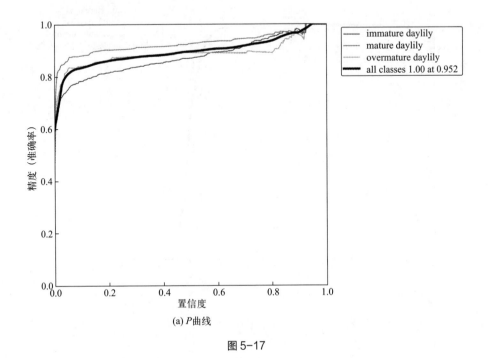

(a) P 曲线

图 5-17

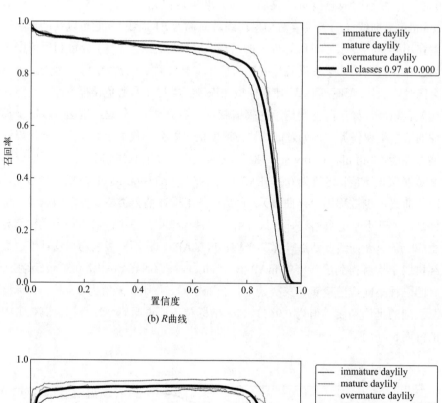

(b) R曲线

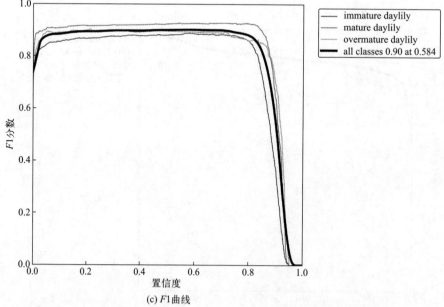

(c) F1曲线

深度学习入门与实战

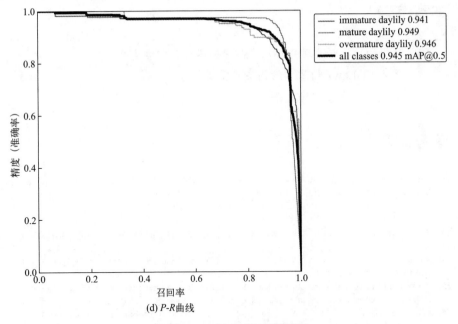

(d) P-R曲线

图 5-17　四个评价指标的曲线图

immature daylily 是未成熟的黄花菜，mature daylily 是成熟的黄花菜，overmature daylily 是成熟过度的黄花菜

5.5　本章小结与练习

实践是检验真理的唯一标准。理论是实践的总结和提升，同时理论又要放到实践中去检验。因此，在学习和科学研究中，实验验证和对实验结果的分析与总结是非常重要的。从本章开始，后面的研究内容都是在前 4 章的基础上进一步开展的研究工作和成果，这是理论指导实践的重要步骤。

目前深度学习算法在果蔬农作物检测识别领域的应用越来越广泛，本章介绍了深度学习在黄花菜成熟度的检测识别上的应用。在完成了对黄花菜的图像数据采集与扩充、预处理和标注之后，利用 YOLOv8 网络模型对不同成熟度（未成熟、成熟和成熟过度三种类型）的黄花菜进行检测识别。这是深度学习在视觉图像处理、分类与识别上的应用。举一反三，模型经过适当修改与调整之后，还可以应用于对其他蔬菜水果的检测与识别。

本章作为该书第一个深度学习实践内容，并没有对 YOLOv8 的结构进行改进，后面其他章会讲解如何根据实际需要对深度学习模型做优化处理。

本章练习

1. 数据的采集与处理分哪几步？它们各自的作用是什么？
2. 简述 YOLOv8 的基本结构及其算法。
3. 实践本章的基于 YOLOv8 的黄花菜成熟度视觉检测。

参考文献

[1] Redmon J, Divvala S, Girshick R, et al. You Only Look Once: Unified, Real-Time Object Detection [C] //Computer Vision & Pattern Recognition. IEEE, 2016. DOI:10.1109/CVPR.2016.91.

[2] Redmon J, Farhadi A. YOLO9000: Better, Faster, Stronger [J]. IEEE, 2017:6517-6525. DOI:10.1109/CVPR.2017.690.

[3] Redmon J, Farhadi A. YOLOv3: An Incremental Improvement [J]. arXiv e-prints, 2018. DOI:10.48550/arXiv.1804.02767.

[4] Bochkovskiy A, Wang C Y, Liao H Y M. YOLOv4: Optimal Speed and Accuracy of Object Detection [J]. 2020. DOI:10.48550/arXiv.2004.10934.

[5] Wu W, Liu H, Li L, et al. Application of local fully Convolutional Neural Network combined with YOLO v5 algorithm in small target detection of remote sensing image [J]. PloS one, 2021, 16(10): e0259283.

[6] Li C, Li L, Jiang H, et al. YOLOv6: A single-stage object detection framework for industrial applications [J]. arXiv preprint arXiv:2209.02976, 2022.

[7] Wang C Y, Bochkovskiy A, Liao H Y M. YOLOv7: Trainable bag-of-freebies sets new state-of-the-art for real-time object detectors [C] //Proceedings of the IEEE/CVF Conference on Computer Vision and Pattern Recognition, 2023: 7464-7475.

[8] Saydirasulovich S N, Mukhiddinov M, Djuraev O, et al. An Improved Wildfire Smoke Detection Based on YOLOv8 and UAV Images [J]. Sensors, 2023, 23(20): 8374.

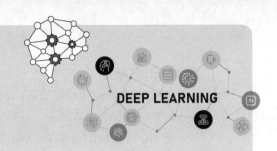

DEEP LEARNING

第6章
基于 YOLOv8 的带钢表面缺陷视觉检测

学习
目标

- **了解：** 带钢表面缺陷的分类，以及YOLOv8n模型的基本性能。
- **熟悉：** 数据的处理过程，以及如何选择和使用数据集。
- **掌握：** 运行与调试基于YOLOv8的带钢表面缺陷视觉检测系统并分析结果。
- **尝试：** 利用YOLOv8模型训练其他数据集，进行更多领域的分类与识别检测。

6.1 对带钢表面缺陷检测的研究

钢材的生产技术是衡量一个国家钢铁工业发展水平的重要指标。在众多种类的钢材中，带钢由于其尺寸精度高、表面质量好、便于加工、节省材料等优点，在汽车、建筑和航空工业等领域得到广泛应用，对其产品质量的要求也更高。

但是受到原材料、轧制工艺和系统控制等多种因素的影响，热轧带钢的表面常常出现麻点、划伤、夹杂、轧制氧化皮、裂纹等缺陷。这些缺陷会在不同程度上影响钢板的耐磨性、抗疲劳性、抗腐蚀性和电磁特性等主要性能指标。因此如何检测带钢表面缺陷并分析其产生的原因，进而提高产品质量成为关键。随着科学技术的发展，对带钢表面缺陷的检测方法从早期的人工检测到20世纪70年代开始逐步发展为自动检测的阶段[1]。

使用人工检测有以下几个优点。

① 人工具有主观性和灵活性。工人可以根据经验和专业知识，准确地判断并识别带钢表面的各种缺陷。

② 具有适应性和应变能力。人工检测可以适应不同情况下的需求变化并

进行相应调整。

③ 相较于自动化检测设备，特别是对于小规模生产线或细分领域，采用人工检测可以更加经济高效。

然而，人工检测也存在一些不足之处。

① 人工检测速度相对较慢，无法满足大规模生产线的需求。

② 人工检测过程中可能存在主观性和人为疏漏的问题。

③ 对于一些微小的或隐蔽的缺陷可能无法准确判断。

因此，在高效、快速和准确的大规模现代化生产中，通常会结合自动化设备和人工检测的方法来提高检测效率和准确度。

尽管使用自动检测设备对带钢表面缺陷进行检测的初始投资和维护成本更高，但是自动检测设备能够以快速和连续的方式对带钢表面进行检测，大大提高了检测的效率和生产线的产能。同时，自动检测设备通过采用图像处理、传感器技术等精确的方法，能够更准确地检测和识别带钢表面各种类型的缺陷，特别是不受主观因素的影响。而且自动检测设备还可以实时记录缺陷数据，在线生成详细的报告和数据分析，便于质量控制和改进。这些被记录、保存下来的数据可以用于追溯和追踪缺陷产生的原因，帮助提高产品质量。自动检测设备最关键的是适应高温、高速等各种复杂的工作环境，无需考虑人员的安全和舒适。

缺陷自动检测包括视觉检测、红外检测、涡流检测、漏磁检测等多种方法。而对于面向带钢表面的缺陷检测而言，基于深度学习的计算机视觉检测是一种便捷、快速和具有高准确率的方法。计算机视觉检测包括图像获取与采集系统、图像分析与处理系统、结果显示与智能决策系统，可应用于工业控制、测量和检测等任务。

6.2　数据集的选取及预处理

一个具有代表性和多样性的数据集对于深度学习模型的训练至关重要。机器学习算法通过从大量的数据中学习模式和规律，从而实现对未知数据的预测和分类。一个好的数据集可以提供丰富多样的样本和标签，更可以帮助算法更好地挖掘出问题的本质。

在原始的训练数据中，由于每一维特征的来源以及度量单位不同，通常会使得特征值的数值分布范围差异很大。当计算不同样本之间这些特征的综合距离时，就会造成数值大的特征起到主导作用，进而导致某些特征值因为较小而被忽略。为了避免这一问题的出现，必须对采集到的样本进行预处理。

下面先了解一下带钢表面的几种缺陷类型。然后针对这些缺陷类型进行数据集的选取和预处理。

6.2.1 几类典型的带钢表面缺陷

热轧带钢的生产工艺流程如图 6-1 所示，根据热轧带钢的生产工艺流程及现场工况，常见的表面缺陷分为轧制氧化皮（rolled-in scale）、斑块或斑点（patches）、细裂纹（crazing）、麻点（pitted surface）、表面杂质或夹杂（inclusion）以及划痕（scratches）共计六种类型。下面详细介绍各种缺陷类型。

图 6-1　热轧工艺流程图

（1）轧制氧化皮（rolled-in scale）

氧化铁皮是在带钢的加热、轧制和冷却过程中形成的一层灰色或黑色的氧化物薄层。在轧制过程中，由于氧化铁皮没有完全去除，导致了部分氧化物被压入金属表面，在带钢表面形成了条状痕迹，这种缺陷通常被称为"轧制氧化皮"。如图 6-2 所示，该类缺陷目标较小且其在灰度图中的灰度值与背景相差较小，因此检测此类缺陷显得尤为困难。

（2）斑块（patches）

当金属板坯表面氧化严重时，如果轧制过程不当，脱落的铁屑铁皮等杂质有可能嵌入带钢表层后脱落，进而造成细微的坑状缺陷。后经氧化变黑并最终在带钢表面上形成不规则的凹陷或凸起区域，这些缺陷区域通常呈黑色并且大小不一，如图 6-3 所示。在该类缺陷的灰度图中，其边缘两侧的灰度值相差较大，因此较好识别。

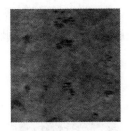

图 6-2　轧制氧化皮缺陷图像　　　　图 6-3　斑块缺陷图像

（3）细裂纹（crazing）

在钢铁生产过程中，由于加热不当或冷却退火过程过快，可能会导致带钢内部出现细裂纹。它们大多在带钢的边缘部位，呈长条形，深度一般不超过 2mm，如图 6-4 所示。细裂纹的颜色多为黑色，其形状狭长且走向极其不规则，末端细小很难分辨。

（4）麻点（pitted surface）

麻点一般是由材料的局部腐蚀或者在生产过程中的磨损引起的。在热轧带钢表面上形成一些微小凹陷，这些小坑洼往往会集中分布，通常为圆形点状且颜色较浅，如图 6-5 所示。

图6-4　细裂纹缺陷图像

图6-5　麻点缺陷图像

（5）表面杂质（inclusion）

表面杂质通常是在冶炼或连铸过程中的一些氧化物、硫化物等未能完全去除所导致的。一般为长条状，颜色较浅且缺陷的边缘清晰，如图 6-6 所示。在灰度图中该类缺陷边缘两侧的灰度值相差较大，因此大概率能够分辨出该类缺陷。

（6）划痕（scratches）

划痕有可能是在生产、搬运和吊装过程中由于磕碰而形成的。这类缺陷通常为长条形或片状，如图 6-7 所示。在严重的情况下，划痕中心会呈现出白色并带有金属光泽且深度较深，边缘由于氧化变成黑色；而相对轻微的划痕则表现为斑点状，颜色较黑且深度较浅。在带钢表面缺陷中，划痕占据了一定的比例，由于在灰度图中其边缘两侧的灰度值呈断崖式上升或下降，因此较好识别。

图6-6　表面杂质缺陷图像

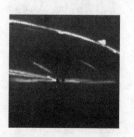
图6-7　划痕缺陷图像

以上便是热轧带钢在生产和运输过程中产生的六种常见缺陷，下面要选取的数据集就是针对这六种缺陷而建立的。

6.2.2 带钢表面缺陷数据集的选取

在这里我们选用的是 NEU-DET 数据集，该数据集是由东北大学制作并发布的金属表面缺陷数据库。其中收录并整理了上述六种典型的表面缺陷。该数据集共包含 1800 张灰度图像，其中每一类缺陷均为 300 个样本，分辨率为 200×200 像素，如图 6-8 所示。

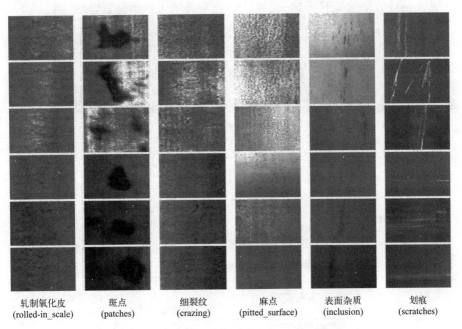

图 6-8　金属表面六种缺陷的 NEU-DET 数据集

对于缺陷检测任务，该数据集提供了注释，指示了每个图像中缺陷的类别和位置。如图 6-9 所示，对于每个缺陷，矩形框是指示其位置的边框，而文字标签则指明了该缺陷的类别及其属于该类别的数值（精确度）。彩图见二维码。

6.2.3 数据集标签的转换与增强

原数据集为 VOC 数据格式，即标签文件为 xml 格式，该文件主要包含：图像名称、图像尺寸、标注矩形框坐标、目标物类别、遮挡程度和辨别难度等信息。如图 6-10 为具体的 xml 标签文件格式，其中矩形框中标注的内容即为图像的具体信息。

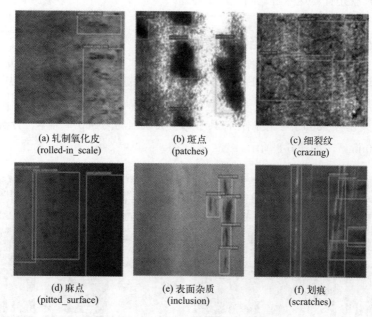

(a) 轧制氧化皮　　　　(b) 斑点　　　　(c) 细裂纹
(rolled-in_scale)　　　(patches)　　　(crazing)

(d) 麻点　　　　(e) 表面杂质　　　　(f) 划痕
(pitted_surface)　　　(inclusion)　　　(scratches)

图 6-9　NEU-DET 数据集中的缺陷注释

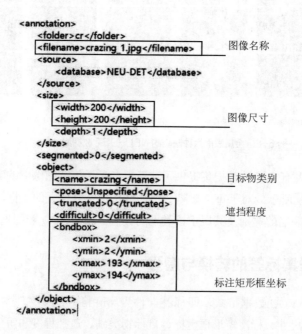

图 6-10　xml 标签文件格式

为方便对单阶段目标检测模型 YOLO 进行训练，这里通过编写 Python 脚本代码的方式来将原数据集的标签文件转换为 YOLO 使用的 txt 标签文件。该 txt 文件中包含了类别编号和归一化后的矩形框坐标并通过文件名对应训练图像。图 6-11 所示为具体的 txt 标签文件格式。

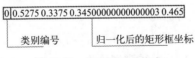

类别编号　　　　归一化后的矩形框坐标

图 6-11　txt 标签文件格式

为防止网络模型过拟合（将导致网络模型无法充分学习带钢表面六类缺陷的特征），采用图像翻转、图像平移、图像缩放、增加图像亮度、增加图像椒盐噪声、调节图像曝光度等经典的图像增强方式对原始的带钢表面六类缺陷的数据集按照 1∶4 的比例扩充至 7200 张。

此外，为了使图像的灰度分布更为均匀，使图像整体的对比度提高，多采用直方图均衡化（histogram equalization，HE）[2] 的方法对全局进行调整。这种方法是一种通过调整图像的灰度直方图来增强其对比度的数字图像处理技术。

这种方法也存在一定的弊端，可能导致图像中的噪点被放大，也可能导致图像中的部分细节信息被削弱。特别是在钢材图像中，由于灰度值分布较为集中，这种弊端更为明显。因此，我们采用了有限对比度自适应直方图均衡化（contrast limited adaptive histogram equalization，CLAHE）[3] 算法对钢材表面缺陷数据集进行图像增强。

CLAHE 算法的核心是对图像进行分块处理，每个区域独立进行直方图均衡化操作，并对图像的对比度进行限制，从而在提升局部对比度的同时能够有效抑制噪点的增强。图 6-12 所示的是原始图像、直方图均衡化（HE）处理后的图像以及应用 CLAHE 算法后的图像。可以观察到，直方图均衡化处理后的

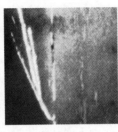

(a) 原图　　　　　　(b) HE算法　　　　　　(c) CLAHE算法

图 6-12　HE 和 CLAHE 数据增强方法的对比

图像在放大对比度的同时也放大了噪点，导致原始图像中的缺陷信息被破坏。而经过 CLAHE 算法处理后的图像在增强对比度的同时保留了原始图像的特征细节。这种增强效果对于提升后续算法模型的检测精度很有帮助。

上述基于训练数据集的图像增强有可能会增加模型拟合难度并降低模型在训练集上的精度，但进行图像增强之后有助于提高模型在测试集上的泛化性能，从而在测试集上获得更高的精度。

在完成数据集标签处理、扩充和图像增强后，在满足独立同分布的前提下，按照 7∶2∶1 的比例划分得到训练集、验证集和测试集图像 (其中训练集 5040 张，验证集 1440 张，测试集 720 张)。

6.3　带钢表面缺陷检测模型的训练

本章带钢表面缺陷检测的实验环境如表 6-1 所示。可按照第 4 章内容搭建深度学习环境，在具体项目上应用环境的配置方法与 5.3.1 节相同。环境配置完成后即可在源代码基础上修改合适的参数并进行模型的训练了。

表6-1　实验环境配置表

配置	环境
操作系统	Windows 10
编程语言	Python 3.8
深度学习框架	PyTorch 1.10
CUDA	Cuda 10.2
IDE	PyCharm 2021.1.1

对于目标检测任务，其结果往往需要包含对象的类别、位置以及置信度等信息。一般来说，针对目标检测问题常用"平均精度"（mAP）这一评价指标来评测模型在该数据集上的检测精度效果，采用帧速率（FPS）评估模型的检测速度，使用参数量（Params）和计算量 (FLOPs) 来衡量模型的复杂度 [4]。

6.3.1　模型的训练过程

（1）选择 YOLOv8 的训练模型

YOLOv8（参阅 5.2 节）按照模型的规模从小到大依次分为 YOLOv8s、YOLOv8n、YOLOv8m、YOLOv8l、YOLOv8x 五种不同的预训练模型，其中 YOLOv8s 是 YOLOv8 系列中最小的模型。可以通过增加网络层和参数变为更大的模型，例如 YOLOv8x 就是 YOLOv8 系列中最大的模型。当然模型增大意味着检测精度和性能会提高，但随着模型的增大也会导致计算成本的增加，因此需要跟随应用场景的不同选用合适的模型[5]。

YOLOv8s、YOLOv8n、YOLOv8m、YOLOv8l、YOLOv8x 的区别如表 6-2 所示。考虑到在尽可能不影响精度的同时使模型轻量化，本章选用 YOLOv8n 模型进行训练。

表6-2　YOLOv8n、YOLOv8s、YOLOv8m、YOLOv8l、YOLOv8x的区别

模型	尺寸 / 像素	mAP^{val} (50 ～ 95)	速度 (CPU ONNX)/ms	速度 (A100 TensorRT)/ms	Params/M	FLOPs/B
YOLOv8n	640	37.3	80.4	0.99	3.2	8.7
YOLOv8s	640	44.9	128.4	1.20	11.2	28.6
YOLOv8m	640	50.2	234.7	1.83	25.9	78.9
YOLOv8l	640	52.9	375.2	2.39	43.7	165.2
YOLOv8x	640	53.9	479.1	3.53	68.2	257.8

（2）创建 yaml 模型文件

在自己创建的 data 文件夹中新建 data.yaml 文件，如图 6-13 所示，在该文件中存放自己的训练集（train）和测试集（val）地址（最好是绝对路径），以及检测项目的类别数（nc）。由于 NEU-DET 数据集共有 6 个类别，因此 nc = 6。检测的这六个项目类别（names）分别为 "rolled-in_scale","patches","crazing","pitted_surface","inclusion","scratches"。

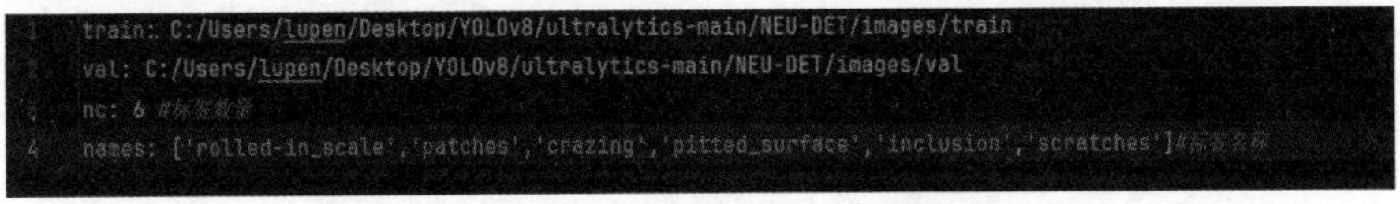

```
1  train: C:/Users/lupen/Desktop/YOLOv8/ultralytics-main/NEU-DET/images/train
2  val: C:/Users/lupen/Desktop/YOLOv8/ultralytics-main/NEU-DET/images/val
3  nc: 6 #标签数量
4  names: ['rolled-in_scale','patches','crazing','pitted_surface','inclusion','scratches']#标签名称
```

图 6-13　创建 data.yaml 文件

（3）调整参数

找到 YOLOv8\ultralytics-main\ultralytics/cfg 路径下的 default.yaml 文件并复制到自己数据集的目录下。如图 6-14 所示，打开该文件并将各个参数修改成如下数据。

① task 设置为 detect。

② mode 设置为 train。

③ model 设置为预训练模型 yolov8n.pt 的文件路径。

④ data 设置为 data.yaml 文件的绝对路径。

⑤ epoch 设置为自己所需的训练轮数。这个参数决定了模型将会被训练多少次，每一轮都遍历整个训练数据集。训练的轮数越多，模型对数据的学习就越充分，但也增加了训练时间。epoch 默认是 100 轮数。但一般对于新的数据集，由于不清楚这个数据集学习的难易程度，所以可以适当加大轮数（例如可以设置训练 150 轮）。

⑥ patience 表示早停的等待轮数。在训练过程中，如果在一定的轮数内没有观察到模型性能的明显提升，那么就会停止训练。这个参数决定了等待的轮数，如果超过该轮数仍没有改进则停止训练。可以先使用默认的数值 100 看一下训练的过程和效果。

⑦ batch 需要根据电脑配置进行设置，它代表每个批次中的图像数量。在训练过程中，数据被分成多个批次进行处理，每个批次都包含一定数量的图像。这个参数决定了每个批次中包含的图像数量。如果 batch 被设置为 -1，则会自动调整批次大小（所用计算机的显卡能容纳的最多图像数）。一般认为 batch 越大越好，这是因为 batch 越大则 batch 中的图像越有可能代表整个数据集的分布，从而帮助模型学习。但 batch 越大占用的显卡显存空间越多，所以还是有上限的。可以先使用默认的数值 16 看一下训练的过程和效果。

⑧ imgsz 表示输入图像的尺寸。这个参数决定了输入图像的大小。可以指定一个整数值表示图像的边长，也可以分别指定宽度和高度。例如数值 640 表示图像的宽度和高度均为 640 像素。如果数据集中存在大量的小对象，增大 imgsz 可以使得这些小对象从高分辨率中受益，使其能够更好地被检测出来。

⑨ save 表示是否保存训练的检查点和预测结果（建议在调试模型和训练时选择"是"，即"True"）。如果在训练过程中保存检查点，模型的权重和训练状态就会被保存下来，以便在需要时进行恢复或继续训练。预测结果也可以被保存下来以供后续分析和评估。

⑩ save_period 表示保存检查点的间隔。这个参数决定了保存检查点的频率，例如设置为 10 表示每隔 10 个训练轮数保存一次检查点。如果设置为负数（如 -1），则禁用保存检查点功能。

⑪ cache 代表数据加载时是否允许使用缓存。如果将数据加载到缓存中就可以加快训练过程中的数据读取速度，但是将消耗较多的缓存资源。可以选择在 RAM 内存中缓存数据（True/ram）、在磁盘上缓存数据（disk）或不使用缓存（False）。

⑫ device 代表训练运行的设备。该参数指定了模型训练所使用的设备，例如使用 GPU 运行可以指定为 cuda device=0，或者使用多个 GPU 运行可以指定为 device=0,1,2,3，如果没有可用的 GPU，可以指定为 device=cpu（使用

CPU 进行训练）。

⑬ workers 表示数据加载时的工作线程数。在数据加载过程中可以使用多个线程并行地加载数据来提高数据的读取速度。这个参数决定了加载数据时使用的线程数，最佳值取决于硬件和数据集的大小。

图 6-14　调整参数

（4）开始训练

训练过程可以分为以下三步。

① 首先在 Anaconda Powershell Prompt 终端输入以下命令并按回车进入环境：

```
conda activate环境名称
```

② 然后输入以下命令并按回车进入文件夹：

```
Cd文件夹的绝对路径
```

③ 最后输入以下命令并按回车后开始模型的训练：

```
yolo train data=data/data.yaml model=yolov8n.pt epochs=150
imgsz=640 batch=8 workers=0 device=0
```

图 6-15 是训练模型过程中的画面。

训练结束后将会显示如图 6-16 所示的结果。

（5）利用训练好的模型进行预测

预测的步骤可以分为如下 4 步。

① 将 default.yaml 文件中 mode 的数值改为 predict。

② 将 model 由预训练模型更改为自己刚刚训练好的最优模型 best.pt 的绝对路径。

③ 将 source 改为待预测图像所在文件夹的路径。

④ 在终端输入以下命令并按回车，开始预测（使用刚刚训练好的 best.pt 模型处理待预测图像文件夹内的各个图像，完成对这些图像中金属表面缺陷的分类）：

```
yolo cfg=dataSets/NEU-DET/default.yaml
```

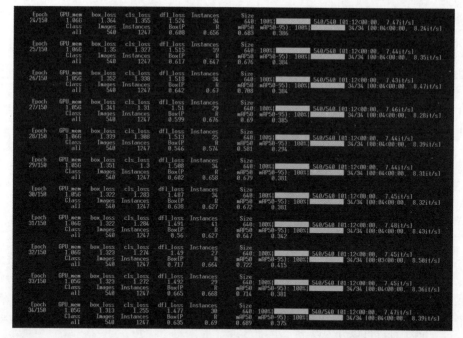

图 6-15　训练过程

图 6-16　训练完成

6.3.2　实验结果与分析

利用 YOLOv8n 深度学习模型识别金属表面缺陷的训练和测试结果被保存到了 runs/train 文件夹内，如图 6-17 所示。

在利用划分好的数据集对 YOLOv8n 模型进行训练时，其结果如图 6-18 所示。可见模型在训练时的边界框损失（train/box_loss）、分类损失（train/cls_loss）和特征点损失（train/dfl_loss）均收敛。而在验证集中的前 100 个轮次内，边界框损失（val/box_loss）、分类损失（val/cls_loss）和特征点损失（val/dfl_loss）均波动较大，但最终都趋于平稳。

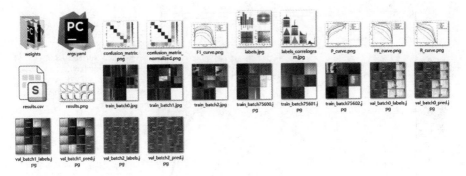

图 6-17　识别结果

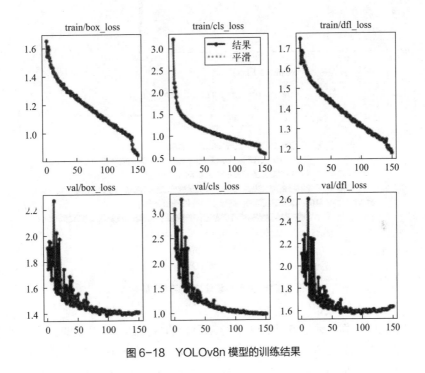

图 6-18　YOLOv8n 模型的训练结果

　　图 6-19 呈现的 *P-R* 回归曲线标明了本次实验得到的对所有缺陷类别的识别精度。

　　根据图 6-19 所示 *P-R* 回归曲线将各类缺陷的精度值汇总成的条形图如图 6-20 所示，其中对划痕（scratches）、表面杂质（inclusion）、麻点（pitted_surface）、斑点（patches）的识别精度分别高达 97.0%、95.2%、92.4% 以及 89.3%。对细裂纹（crazing）和轧制氧化皮（rolled-in_scale）的识别较为困难，精度也能达到 56.8% 和 61.7%。

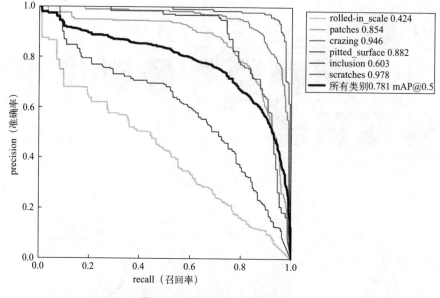

图 6-19　模型训练 $P\text{-}R$ 回归曲线

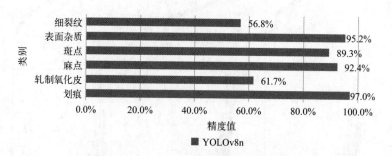

图 6-20　六种缺陷检测精度对比条形图

　　图 6-21 分别显示了在测试集上检测得到的各类结果。从效果图中可以看出，划痕（scratches）的缺损点很亮，它和环境中的背景形成了鲜明的反差，因此在缺损处的灰度差异很大，而背景灰度值的起伏也比较平稳，这有利于模型的学习，因此具有很高的准确性。斑点（patches）和表面杂质（inclusion）一样，由于缺陷背景的灰度值是连续的并且缺陷区域的灰度值有显著的陡升或下降，因此对其进行识别也比较容易。麻点（pitted_surface）一般是成块出现，整体较大，模型在经过学习之后分辨也相对容易。然而细裂纹（crazing）因其形态不规则、端部极细，与周围环境的反差很小，致使对它的识别准确率不高。轧制氧化皮（rolled-in_scale）也因其以局部形式呈现，并且与背景灰度差别不大，因此对它的识别准确率也不高。

深度学习入门与实战

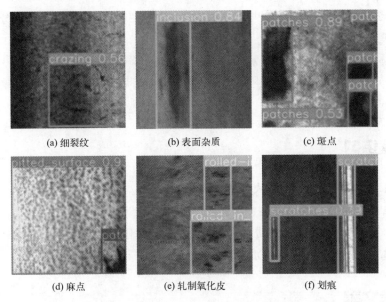

(a) 细裂纹   (b) 表面杂质   (c) 斑点

(d) 麻点   (e) 轧制氧化皮   (f) 划痕

图 6-21 各类缺陷检测测试效果对比图

由上述实验结果分析可知，由于细裂纹和轧制氧化皮这两类缺陷细小且与背景灰度值相差较小等，模型对其识别精度低。因此需要对原始的 YOLOv8n 模型进行改进，主要是围绕细裂纹和轧制氧化皮这类小目标缺陷识别进行处理。关于这部分的内容，感兴趣的读者请参阅相关文献。

6.4 本章小结与练习

科学的发展是一步一步前进得到的，技术的进步是一点一滴积累产生的。前面一章介绍并分析了基于 YOLOv8 的黄花菜成熟度视觉检测的研究结果，本章可以举一反三，融会贯通。因为本章也是在 YOLOv8 深度学习模型的基础上针对带钢表面缺陷视觉检测这一不同的应用场景做出的改进。

在本章中，首先介绍了选取的 NEU-DET 带钢表面缺陷数据集中的六种缺陷，同时说明了对数据集的预处理。

本章采用 YOLOv8n 作为模型，需要对原数据集的文件格式与内容进行更改。通过编写 Python 脚本，将原数据集中的 VOC 数据集格式的 xml 文件整理成了适用于 YOLOv8 的 txt 文件。

原数据集每一类缺陷图像仅 300 张，6 类缺陷共计 1800 张缺陷图像。由于原数据集中的样本较少，这非常容易导致模型过拟合而造成识别精度下降。通过对数据集采用图像翻转、图像平移、调节图像亮度与对比度、直方图均衡化等方法，进行数据集的扩增和图像增强处理，使得模型的学习更加充分，以达到更高的检测精度。

本章还介绍了目标检测任务的评价指标以及实验的环境配置，并以YOLOv8n 为模型在服务器上进行了训练。将训练后表现最好的网络权重模型在测试集上进行了检测。

本章练习

1. 轧制氧化皮的识别较为困难，原因是什么？
2. 在 NEU-DET 数据集中收录了六种典型的金属表面缺陷，分别是什么？
3. 在对深度学习模型进行训练之前首先需要对数据集进行哪些处理？
4. 实践本章的基于 YOLOv8 的带钢表面缺陷视觉检测。

参考文献

[1] 李跃，王子铭，李鑫林，等. 带钢表面缺陷检测方法研究进展 [J]. 钢铁研究学报，2023, 35(08): 950-962.

[2] 文海琼，李建成. 基于直方图均衡化的自适应阈值图像增强算法 [J]. 中国集成电路，2022, 31(3): 6.

[3] 冯雄博，陈曦，闵慧娜，等. 基于改进 CLAHE 的航空发动机导向叶片 DR 图像增强 [J]. 航空动力学报，2022, 37(07): 1425-1436.

[4] Zhang H T, Duan F J, Ding K Q. Study on On-Line Surface Defect Detection Vision System for Steel Strip[J]. Chinese Journal of Sensors and Actuators, 2007, 20(8): 221-224.

[5] Song X, Cao S, Zhang J, et al. Steel Surface Defect Detection Algorithm Based on YOLOv8 [J]. Electronics, 2024, 13(5): 988.

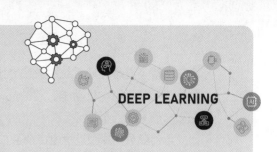

DEEP LEARNING

第 7 章
基于 YOLOv8 的不规范驾驶行为检测

学习目标

- **了解：**不规范驾驶行为检测的主要研究方法。
- **熟悉：**对网络模型的优化方法和对数据集的处理过程。
- **掌握：**运行与调试基于YOLOv8的不规范驾驶行为检测系统并分析结果。
- **尝试：**在这一检测系统模型的基础上根据实验结果进一步完成优化。

7.1 不规范驾驶行为检测的意义和主要研究方法

现在汽车保有量不断提高。对于不断上涨的汽车以及驾驶员数量，道路交通安全也面临着巨大的压力。表 7-1 是我国在 2016 年至 2020 年道路交通事故的四项基本指标[1]。而世界卫生组织预测，到 2030 年道路交通事故致人死亡的人数将升到其他原因致人死亡的人数的第五位，远高于因肺结核、艾滋病等传染病致死的数量[2]。这不仅对于人民生命财产来说是一种极大的威胁，而且也造成不可估量的经济损失。

表7-1　中国2016年至2020年道路交通事故四项基本指标统计表

年份	事故次数 / 起	死亡人数 / 人	受伤人数 / 人	直接财产损失 / 万元
2016	212846	63093	226430	120760
2017	203049	63772	209654	121311
2018	244937	63194	258532	138456
2019	247646	62763	256101	134618
2020	244674	61703	250723	131361

在整个道路交通系统中有三个因素对于道路交通安全起着重要作用，分别是外部驾驶环境、机动车、驾驶员。其中驾驶员是这三个因素中对道路交通安全影响最大的一个。

当驾驶员在驾驶过程中掺杂了有意识或者无意识的危险行为时，就非常容易引起交通事故。这些危险行为主要包括不规范驾驶、疲劳驾驶、酒后驾驶以及其他违反规定的驾驶行为。其中，有文献表明即使是在高速公路上驾驶，也会有大约10%的车辆驾驶员处于不规范驾驶状态[3]。因此，能够精确、实时、高效地预测驾驶员在行车过程中的不规范行为就变得尤为重要。这不仅方便对驾驶员的不规范行为进行预警，从而使得驾驶员能尽快调整行为或状态以规避风险，还能将数据传输给相关部门，用于道路安全法规的修订以及道路交通安全的预警。

具体而言，不规范驾驶指的是驾驶员在行车时做出与驾驶无关的行为。当驾驶员处于分心状态时，车辆的行驶轨迹、行驶速度、驾驶员自身的身体状态都会发生不同程度的改变，极易发生交通事故。

目前针对不规范驾驶行为的检测研究主要分为两大类。一类是通过车辆的信息来鉴别驾驶员是否处于不规范驾驶状态（主要依靠车辆的直行、转弯、加速等信息[4]）。但是该方法受到驾驶员个人驾驶习惯以及当前行驶路况的影响较大。这类方法是通过安装在汽车上的高精度传感器来搜集车辆行驶中的多方面信息并进行综合评估。有研究表明，车辆在不规范驾驶状态和正常驾驶状态下的运行状况从方向盘的转动率上就会有明显区别，因此可以通过方向盘转动率这一指标确定驾驶员是否处在不规范驾驶状态下。另一类针对不规范驾驶行为的检测研究是通过传感器直接检测驾驶员本人的状态来鉴定其是否存在不规范驾驶行为（主要依靠采集到的驾驶员的生理特征、面部表情等）。该方法实时性强，但是有些传感器可能会对驾驶员的正常驾驶产生影响。这类研究方法包括如下两个方向。

（1）基于生理特征识别驾驶员状态的方法

例如让驾驶员在驾驶机动车的同时进行简单的数学运算并采集驾驶员的脑电波信号，通过比对分析来确定驾驶员是否存在不规范驾驶行为。由于驾驶员的脑电波信号与其心理活动有明显联系，因此可以以驾驶员的脑电波信号为依据来确定驾驶员当前的驾驶状态。但是这种基于生理特征的检测方法十分依赖于传感器收集来的数据，而这些传感器需要安装在驾驶员的周围，这不仅增加成本，也会对驾驶员的驾驶行为产生干扰。

（2）基于计算机视觉识别驾驶员状态的方法

这种方法可以适当减少采集驾驶员信息的传感器的种类和数量，通过结合计算机视觉来共同识别驾驶员状态。本章主要介绍的就是基于计算机视觉识别驾驶员状态的方法，采用 YOLOv8 深度学习模型进行识别。下面详细介绍这种方法。

7.2 网络优化与数据集

7.2.1 对 YOLOv8 的结构改进

在本章中为了实现对不规范驾驶行为的检测，我们将 YOLOv8 的网络结构进行了一些细微的调整。这些调整包括：

① 使用 FasterNet 模块（FasterNet block, FNB）来轻量化网络结构（减少网络参数），为此利用 F_c2f 模块代替 c2f 模块，其在减少网络参数的同时能够维持精度[5]；

② 添加全局注意力机制（global attention mechanism，GAM）进一步提升检测的准确率[6]。

（1）FasterNet 模块和 F_c2f 模块

首先将如图 7-1 所示的 FasterNet 模块添加到 YOLOv8 的 c2f 模块中，用 FasterNet 模块代替 c2f 中的 BottleNet 模块，形成了 F_c2f 模块。

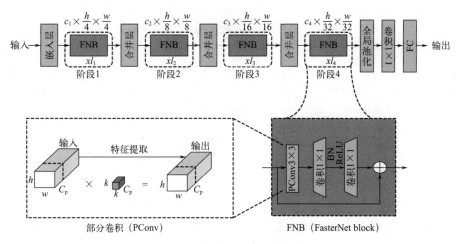

图 7-1　FasterNet 模块

如图 7-1 所示，在 FasterNet 模块内有四个阶段的运行过程。首先在每个阶段的前面都有一个用于空间下采样和通道数量扩展的嵌入层（embedding, 通常为 4×4 的常规 Conv，步长为 4）或者一个合并层（merging，通常为 2×2 的常规 Conv, 步长为 2），可以在减小计算复杂度的同时提高网络对特征的学习能力，使得网络能够更有效地处理图像数据。

然后在每一层都放入若干数量的 FasterNet 模块（FNB），PConv 层放置在每个 FasterNet 模块中（PConv 层又被称作部分卷积，其原理是只对其中一部分的通道做卷积，而对其余的不做处理，这样可以减少参数量）。在 PConv 层后放置两个 PWConv 层或者两个 1×1 的 Conv 层（图 7-1 中放置的是两个 Conv 层，即图中的两个"卷积 1×1"模块），以进一步处理和优化特征表示。

最后，在阶段 4 后的输出经全局池化、卷积、全连接层 (FC) 后输出结果。这样的结构即为改良模型网络所采用的 FasterNet 模块。

将上述结构一并组合到残差模块中。残差模块的中间结构带有扩展的通道数量，以短连接的方式重用输入特性。F_c2f 模块结构如图 7-2 所示，用来代替原来的 c2f 模块。

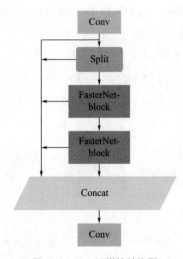

图 7-2　F_c2f 模块结构图

（2）GAM 注意力机制

在深度学习和卷积神经网络（CNN）中，注意力机制是一种强大的工具，它可以帮助模型聚焦于输入数据中最重要的部分。全局注意力机制（global attention mechanism, GAM）关注了空间注意力子模块和通道注意力子模块。在空间注意力机制中关注于图像的特定区域，它能够增强模型对于图像中关键空间位置的感知能力。而在通道注意力机制中关注于特征图的不同通道，它能够增强模型对于重要特征通道的感知能力。

GAM 注意力机制的整体结构如图 7-3 所示。输入图像特征 F_1 首先经过通道注意力（channel attention）子模块 M_c（在此处重新分配目标权重），然后经

过空间注意力 (spatial attention) 子模块 M_s（将利用元素乘法进一步重新分配目标权重），最终得到输出图像特征 F_3。

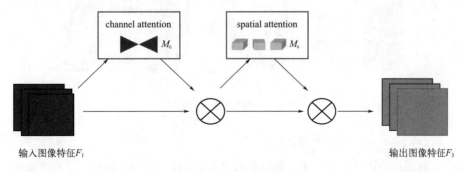

图 7-3　GAM 注意力机制

为了提升多维通道间的空间交互性来保证网络能更好地提取空间信息，注意力模块用到了两层的多层感知机（MLP）来生成注意力权重。多层感知机是一种编码 - 解码结构，在不同层级之间是全连接的，可以最大限度保留特征映射并减少网络模型的信息量，同时降低了由于减少信息量而带来的负面影响。

通道注意力子模块结构如图 7-4 所示，输入特征图 F_1 后经过置换（permutation）重新组织特征图以便于后续的处理，然后进入多层感知机（MLP）来生成注意力权重，输出结果经过逆置换（reverse permutation）将特征图恢复到原始的排列顺序，这通常是为了确保数据在经过注意力模块处理后能够以正确的格式输出，以便与其他网络层兼容。最后经过激活函数 sigmoid 处理后得到最终的输出（包含了经过注意力加权的特征，其中重要的特征被赋予了更高的权重）。

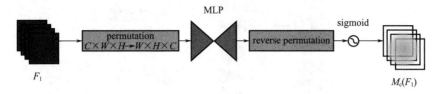

图 7-4　通道注意力子模块

图 7-5 是空间注意力子模块的结构图，其基本逻辑是输入特征 F_2 经过一个尺寸为 7×7 的卷积核将通道数量缩减，同时降低计算量，然后输出进入到 MLP，再经过一个尺寸大小同样为 7×7 的卷积核进行反卷积操作，将通道数量恢复到最初的数量。经过一系列操作将图像转换成 $C \times H \times W$，在保持通道数

量不变的前提下经过 sigmoid 函数处理后输出图像结果。

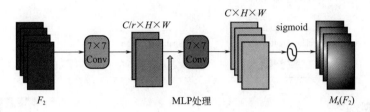

图 7-5　空间注意力子模块

（3）改进后的网络结构

在目标检测任务中，主干网络起着很重要的作用，YOLOv8 主干网络是基于 YOLOv5 改进而成的。相比于 YOLOv5 的主干网络，YOLOv8 具有更高的精度，可是参数量也有所提升。然而对于驾驶员的不规范驾驶行为检测，网络模型对于图像的推理速度也同样重要。

所以本章对 YOLOv8s 的主干网络中 c2f 模块做出改进，用 FasterNet 模块代替 c2f 中的 BottleNet 模块，主要目的是减少网络规模，在保证一定精度的同时提高网络模型的实时性和效率。在上述改进基础之上又通过添加 GAM 注意力机制来提升网络的多通道交互，将损失的精度提升回来。改进后的网络结构如图 7-6 所示。

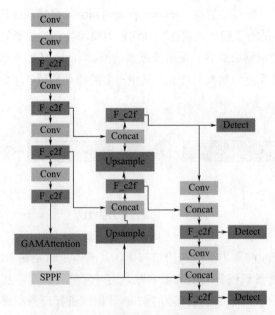

图 7-6　改进后的 YOLOv8 网络结构

7.2.2 数据集的选取与处理

数据集的质量对于算法性能的提升和实验结果的准确性具有决定性的影响。高质量的数据集不仅能够显著提高算法的精确度，还能确保研究成果在实际应用中的有效性和可靠性。因此，在进行特定领域研究时，选择一个全面且多样化的数据集尤为关键。

本章选择了 state-farm-distracted-driver-detection 数据集作为研究对象。该数据集由两部分组成：一部分是包含 79726 个样本的训练集；另一部分是包含 22424 个样本的测试集。

这些样本涵盖了 10 种不同的驾驶行为。除了安全驾驶行为之外，其余 9 种都属于不规范驾驶行为。如图 7-7 所示，这 9 种不规范驾驶行为包括使用右手接打电话（right hand call）或打字（right hand type）、使用左手接打电话（call with your left hand）或打字（left hand typing）、调整车辆收音机（tune the radio）、饮用水或饮料（drink something）、与乘客交谈（talk to the other passengers）、从车辆后部取物（get the stuff in the back）、整理发型及化妆（fix your hair and make up）等多种类别。这些行为按照一定的顺序被标记为 c0 至 c9 标签。

图 7-7　数据集中的部分图像

本实验基于仅有训练集和测试集的原数据集，从中抽取 5000 张图像作为新的训练集，又从原测试集中抽取 2000 张图像作为验证集，未另设测试集。因无需进行测试集评估，减少了额外的计算步骤。并且相对将更多数据用于训练和验证，模型能更高效地学习特征，减少了不必要的参数调整，从而缩短了训练与调优时间，降低了计算成本。

7.3 实验过程及其结果

按照第 4 章的内容搭建深度学习环境，然后按照 5.3.1 节内容配置应用环境。环境配置完成后，对于原网络模型按照 7.2.1 节的介绍进行修改。

在 7.2.1 节中，为了使得基于 YOLOv8s 改进而来的网络模型可以更加精确和高效地检测出各类不规范驾驶行为，制定了如下步骤的实验策略。

① 对传统的 YOLOv8s 网络基础模型进行改进，将该模型的主干网络中的 c2f 模块替换为 F_c2f 模块，对其调参并训练测试，降低模型训练时的参数量和提高训练的速度。

② 在此基础上添加 GAM 注意力机制以提高模型的精度，并进一步提高训练速度。

7.3.1 模型的修改与训练

在 yolov8s.yaml 文件中的内容是基础的 YOLOv8s 网络架构，它指定了模型的结构、尺寸和行为。在图 7-8 中，nc 是模型需要识别的目标类别数量，depth_multiple 和 width_multiple 用于调整模型的深度和宽度（它们是相对于基础模型的缩放因子），max_channels 是模型中允许的最大通道数（通道数是指卷积层中的过滤器数量）。

```
# Parameters
nc: 80  # number of classes
# scales: # model compound scaling constants, i.e. 'model=yolov8n.yaml' will call yolov8.yaml with scale 'n'
# [depth, width, max_channels]
# n: [0.33, 0.25, 1024]  # YOLOv8n summary: 225 layers, 3157280 parameters, 3157184 gradients,   8.9 GFLOPs
# s: [0.33, 0.50, 1024]  # YOLOv8s summary: 225 layers, 11166560 parameters, 11166544 gradients,  28.8 GFLOPs
# m: [0.67, 0.75, 768]   # YOLOv8m summary: 295 layers, 25902640 parameters, 25902624 gradients,  79.3 GFLOPs
# l: [1.00, 1.00, 512]   # YOLOv8l summary: 365 layers, 43691520 parameters, 43691504 gradients, 165.7 GFLOPs
# x: [1.00, 1.25, 512]   # YOLOv8x summary: 365 layers, 68229648 parameters, 68229632 gradients, 258.5 GFLOPs
depth_multiple: 0.33  # model depth multiple
width_multiple: 0.50  # layer channel multiple
max_channels: 1024
```

图 7-8 yolov8s.yaml 的内容（一）

同样在 yolov8s.yaml 文件中，如图 7-9 所示，backbone 是模型的主干网络，用于提取图像的特征。

```
16    # YOLOv8.0n backbone
17  ∨ backbone:
18      # [from, repeats, module, args]
19      - [-1, 1, Conv, [64, 3, 2]]      # 0-P1/2
20      - [-1, 1, Conv, [128, 3, 2]]     # 1-P2/4
21      - [-1, 3, C2f, [128, True]]
22      - [-1, 1, Conv, [256, 3, 2]]     # 3-P3/8
23      - [-1, 6, C2f, [256, True]]
24      - [-1, 1, Conv, [512, 3, 2]]     # 5-P4/16
25      - [-1, 6, C2f, [512, True]]
26      - [-1, 1, Conv, [1024, 3, 2]]    # 7-P5/32
27      - [-1, 3, C2f, [1024, True]]
28      - [-1, 1, SPPF, [1024, 5]]       # 9
```

图 7-9　yolov8s.yaml 的内容（二）

在图 7-10 中，head 是模型的头部网络部分，通常在主干网络 backbone 之后，用于将特征映射到最终的检测输出。

```
30    # YOLOv8.0n head
31  ∨ head:
32      - [-1, 1, nn.Upsample, [None, 2, 'nearest']]
33      - [[-1, 6], 1, Concat, [1]]       # cat backbone P4
34      - [-1, 3, C2f, [512]]             # 12
35
36      - [-1, 1, nn.Upsample, [None, 2, 'nearest']]
37      - [[-1, 4], 1, Concat, [1]]       # cat backbone P3
38      - [-1, 3, C2f, [256]]             # 15 (P3/8-small)
39
40      - [-1, 1, Conv, [256, 3, 2]]
41      - [[-1, 12], 1, Concat, [1]]      # cat head P4
42      - [-1, 3, C2f, [512]]             # 18 (P4/16-medium)
43
44      - [-1, 1, Conv, [512, 3, 2]]
45      - [[-1, 9], 1, Concat, [1]]       # cat head P5
46      - [-1, 3, C2f, [1024]]            # 21 (P5/32-large)
47
48      - [[15, 18, 21], 1, Detect, [nc]] # Detect(P3, P4, P5)
```

图 7-10　yolov8s.yaml 的内容（三）

对 YOLOv8s 原始模型进行优化的具体内容如图 7-11 所示，这是对 head 部分的一些优化，添加了前面提到的 F_c2f 模块和注意力机制。

```
12    # YOLOv8.0n backbone
13  ∨ backbone:
14      # [from, repeats, module, args]
15      - [-1, 1, PatchEmbed_FasterNet, [40, 4, 4]]       # 0-P1/4
16      - [-1, 1, BasicStage, [40, 1]]                    # 1
17      - [-1, 1, PatchMerging_FasterNet, [80, 2, 2]]     # 2-P2/8
18      - [-1, 2, BasicStage, [80, 1]]                    # 3-P3/16
19      - [-1, 1, PatchMerging_FasterNet, [160, 2, 2]]    # 4
20      - [-1, 8, BasicStage, [160, 1]]                   # 5-P4/32
21      - [-1, 1, PatchMerging_FasterNet, [320, 2, 2]]    # 6
22      - [-1, 2, BasicStage, [320, 1]]                   # 7
23      - [-1, 1, GAMAttention, [320, True, 4]]
24      - [-1, 1, SPPF, [320, 5]]                         # 9
```

图 7-11　优化后的 YOLOv8s 的 backbone

因为参数量的变化，所以后续 head 部分也有一些参数上的微调，如图 7-12 所示。

```
27    # YOLOv8.0n head
28  ∨ head:
29    - [-1, 1, nn.Upsample, [None, 2, 'nearest']]
30    - [[-1, 5], 1, Concat, [1]]  # cat backbone P4
31    - [-1, 3, C2f, [512]]  # 11
32
33    - [-1, 1, nn.Upsample, [None, 2, 'nearest']]
34    - [[-1, 3], 1, Concat, [1]]  # cat backbone P3
35    - [-1, 3, C2f, [256]]  # 14 (P3/8-small)
36
37    - [-1, 1, Conv, [256, 3, 2]]
38    - [[-1, 12], 1, Concat, [1]]  # cat head P4
39    - [-1, 3, C2f, [512]]  # 17 (P4/16-medium)
40
41    - [-1, 1, Conv, [512, 3, 2]]
42    - [[-1, 9], 1, Concat, [1]]  # cat head P5
43    - [-1, 3, C2f, [1024]]  # 20 (P5/32-large)
44
45    - [[15, 18, 21], 1, Detect, [nc]]  # Detect(P3, P4, P5)
```

图 7-12　优化后的 YOLOv8s 的 head

在上述调整中我们已经顺利使用了注意力机制和 F_c2f 模块，那么它们的模块定义是在哪里呢？其实 F_c2f 模块和 GAM 注意力机制的结构代码是在 ultralytics 文件夹内 nn 文件夹中的 FasterNet.py 与 otherModules.py 这两个 py 文件中，见图7-13。其中FasterNet.py中包含着对于FasterNet这一模块的定义，而图 7-14 是 otherModules.py 中关于 GAM 注意力机制的模块定义。

图 7-13　ultralytics 文件夹中的 nn

在训练模型时除了要配置模型结构外，还要使用数据集。图 7-15 为 buguifan.yaml 文件中的内容，包括训练集 train 和验证集 val 的路径，以及图像的种类 nc 和类型命名 names。

```
class GAMAttention(nn.Module):
    def __init__(self, c1, c2, group=True, rate=4):
        super(GAMAttention, self).__init__()

        self.channel_attention = nn.Sequential(
            nn.Linear(c1, int(c1 / rate)),
            nn.ReLU(inplace=True),
            nn.Linear(int(c1 / rate), c1)
        )
        self.spatial_attention = nn.Sequential(
            nn.Conv2d(c1, c1 // rate, kernel_size=7, padding=3, groups=rate) if group else nn.Conv2d(c1, int(c1 / rate), kernel_size=7,
                                                                                                      padding=3),
            nn.BatchNorm2d(int(c1 / rate)),
            nn.ReLU(inplace=True),
            nn.Conv2d(c1 // rate, c2, kernel_size=7, padding=3, groups=rate) if group else nn.Conv2d(int(c1 / rate), c2, kernel_size=7,
                                                                                                      padding=3),
            nn.BatchNorm2d(c2)
        )

    def forward(self, x):
        b, c, h, w = x.shape
        x_permute = x.permute(0, 2, 3, 1).view(b, -1, c)
        x_att_permute = self.channel_attention(x_permute).view(b, h, w, c)
        x_channel_att = x_att_permute.permute(0, 3, 1, 2)
        x = x * x_channel_att

        x_spatial_att = self.spatial_attention(x).sigmoid()
        x_spatial_att = channel_shuffle(x_spatial_att, 4)  # last shuffle
        out = x * x_spatial_att
        return out
```

图 7-14   GAM 注意力机制的模块定义（otherModules.py）

```
train: D:\ultralytics-main-7-11/data/images/train/
val: D:\ultralytics-main-7-11/data/images/val/

nc: 9

names: ['Right hand call ',
        'Right hand type ',
        'Call with your left hand ',
        'Left hand typing ',
        'Tune the radio ',
        'Drink something ',
        'Talk to the other passengers ',
        'Get the stuff in the back ',
        'Fix your hair and make up ',
        ]
```

图 7-15   buguifan.yaml 文件中的内容

　　注意，这里的路径是自己数据集文件的真实路径。如图 7-16 所示，可以在自己的 images 文件夹中选取训练集 train 或验证集 val 文件夹，通过点击鼠标右键来复制该文件夹的绝对路径，然后输入到文件 buguifan.yaml 之中。

图 7-16   获取数据集的路径

通过上面的修改模型工作并利用数据集完成训练后，就可以在 runs 文件夹中的 train 文件夹内得到在多次训练中获得的两个权重文件 best.pt 和 last.pt。其中 best.pt 代表在多次训练迭代中最好的一次训练结果，而 last.pt 则是最后一次训练结果。

7.3.2　不规范驾驶行为的检测结果

上一节完成了对修改后模型的训练，本节将利用这一训练好的模型进行不规范驾驶行为的检测。如图 7-17 所示，在 detect.py 文件中使用上一节获得的最好的权重模型 best.pt 进行检测。这里的模型路径和预测图像的路径也都要使用绝对路径。

```
from ultralytics import YOLO


if __name__ == '__main__':
    model = YOLO('D:/ultralytics-main-7-11/runs/detect/train84/weights/best.pt')
    model.predict('D:/ultralytics-main-7-11/data/images/val', visualize=False, imgsz=640, save=True)
```

图 7-17　detect.py

检测结果如图 7-18 所示，这是在驾驶汽车时右手使用手机的违规操作行为。通过对比可以发现图（b）所示的采用改进后的模型检测结果为 0.84，要高于图（a）所示的原始 YOLOv8s 模型的检测结果 0.73。可见优化后的模型在精度上有了一定的提升，可以更准确地预测到在驾驶时的违规行为。当然，如果需要更高地提升检测精度，还需要对模型有更深入的了解以及学习更加复杂的改进模型或优化的方法。

(a) 使用原始YOLOv8s网络的检测结果　　　　　(b) 使用改进后模型的检测结果

图 7-18　模型改进前后的检测精度对比

如图 7-19 所示，通过对模型优化前后的训练时间、模型大小和每秒 10 亿次的浮点运算数 GFLOPs（giga floating-point operations per second）进行对比，可以发现添加了 FasterNet 和注意力机制的模型（在图 7-19 中被标记为 YOLOv8s_FasterNet_GAM）效果有所改善。其中训练时间由 9.12h 降到了 5.17h，模型大小由 22.5MB 降到了 12.7MB，可见修改后的模型实现了一定程度的轻量化。但是 GFLOPs 值由 28.7 降低到 16.4，在速度上有所降低。因此如果需要更加完善的检测模型，还需要进一步优化（这部分内容请自行参阅文献去学习）。

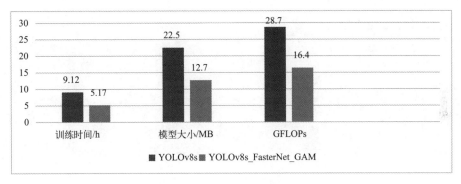

图 7-19　模型效果检测对比图

7.4　本章小结与练习

本章将 FasterNet 轻量化网络的思想引入到 YOLOv8s 模型中，对模型进行轻量化改进，用 FasterNet 模块代替 c2f 中的 BottleNet，构建出了 F_c2f 模块，以此降低网络的参数量与计算量。在引入 GAM 注意力机制后弥补了由于网络轻量化而带来的精度损失。如果还需要进一步对模型优化，就要在此基础上学习更深的知识。

本章练习

1. 什么是注意力机制？它在序列模型中如何能够提高性能？
2. 描述池化层的作用并解释最大池化和平均池化的区别。
3. 分别介绍深度学习下的 train、val、detect 所指代的具体含义。
4. 损失函数的作用是什么？
5. 实践本章的基于 YOLOv8 的不规范驾驶行为检测。

参考文献

[1] 中国统计年鉴 [R]. 2022, 971(14):94. 北京：中华人民共和国国家统计局 .

[2] 吉通. 公安部交管局：全国机动车保有量已达 3.3 亿辆 [J]. 中国轮胎资源综合利用，2019, 35(4):35.

[3] Ponte G, Edwards S A, Wundersitz L. The prevalence of in-vehicle driver distraction in moving traffic [J]. Transportation Research Part F: Traffic Psychology and Behaviour, 2021, 83: 33-41.

[4] 成海涛. 机动车驾驶员违规行为产生机理的研究 [D]. 长沙：长沙理工大学 , 2011.

[5] Zheng X X, Cao J Z, Wang C T, et al. A High-Precision Human Fall Detection Model Based on FasterNet and Deformable Convolution [J]. Electronics, 2024 (14): 2798.

[6] 火久元，苏泓瑞，武泽宇，等. 基于改进 YOLOv8 的道路交通小目标车辆检测算法 [J/OL]. 计算机工程，1-12[2024-09-12]. https://doi.org/10.19678/j.issn.1000-3428.0069825.

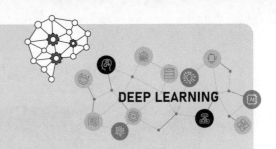

DEEP LEARNING

第 8 章
基于深度学习的城市街景语义分割

学习
目标

● **了解：** 语义分割的基本概念，以及常用数据集的分类。
● **熟悉：** 几种常见的用于语义分割的网络模型。
● **掌握：** 使用MMSegmentation模型对数据集Cityscapes进行语义分割，得到分割结果并进行验证。

8.1 语义分割的概念

图像的语义分割是计算机视觉中的关键任务之一，它的主要目标是把原始图像内的数据信息（例如一张图像内存在各种不同的景物）转化为带有显著标识的感兴趣区域的掩码（例如将不同的景物用不同颜色进行标识）。

8.1.1 语义分割的研究

通过对图像进行语义分割，可以将图像划分为多个不同的部分，每个部分都代表着一个独特的语义类别[1]。也就是说，在一张图像中的每个像素都会被分配到相应的类别中。

图 8-1 给出了原始图像和进行语义分割后的结果。可以看到，通过对原始图像进行语义分割，使得树木、道路、建筑物等被用不同颜色进行了标注[2]。因此语义分割完成后，便于后续对图像进行处理和识别的工作。

完成语义分割功能的算法有很多。其中灰度分割、条件随机场等一些传统算法在早期的分割算法中占主要地位。

 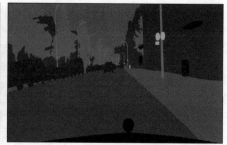

(a) 原始图像　　　　　　　　　　　　(b) 语义分割后的结果

图 8-1　语义分割示例

① 基于灰度分割的方法。其规则是依据像素的属性（比如灰度级强度）来分割图像中的事物。该方法的问题是仅仅使用了灰度级别的信息，而用它来表示复杂的类（如穿着花纹图案衣服的人）是非常困难的。

② 基于条件随机场的方法。该方法可以通过对像素之间先验关系的考量来避开单纯基于灰度进行分割而出现的上述问题。这是因为某个对象是连续的，所以相近的像素往往具有相同或相似的标签。

现在伴随着深度学习技术的持续发展，它在语义分割任务中展现出了卓越的性能，取得了令人瞩目的成绩 [3]。最早出现的是以卷积神经网络 CNN 作为基础的图像分割方法，例如全卷积网络（FCN）、SegNet 这类深度学习模型。它们利用卷积神经网络在图像中通过端到端的学习从输入图像中提取特征并进行像素级别的分类，随后经过上采样将特征图恢复为原始尺寸的分割结果。与此同时，陆续还有一些新的方法被提出，例如深度级联网络（DeepLab 系列）、空间注意力模块（SAM）、多任务网络（MTLNet）等。这些方法采用了不同的网络结构和特征提取方式以适应各种复杂场景下的语义分割任务 [4]。

8.1.2　语义分割的常用数据集

语义分割的开源和闭源数据集有很多，针对不同的分割任务所使用的数据集也不同 [5]。以下介绍四类城市街景的主流数据集。

① Cityscapes。这是一个新的大规模数据集，包含不同的立体视频序列，记录了 50 个不同城市的街道场景。该数据集共有 fine（精细）和 coarse（粗糙）两套评测标准，前者提供 5000 张精细标注的图像，后者提供 5000 张精细标注外加 20000 张粗糙标注的图像。

② ADE20K。这是一个涵盖场景、对象，以及对象的某一部分的各种注释的数据集。它有 25000 张复杂的日常场景图像，包含了自然环境中的各种对象，每个图像平均有 19.5 个实例和 10.5 个对象类。

③ Pascal VOC 系列。主要有 Object Classification（目标分类）、Object Detection（目标检测）、Object Segmentation（目标分割）、Human Layout（人体布局）、Action Classification（行为分类）这几类子任务。Pascal VOC 2007 和 2012 数据集分为 4 大类（vehicle、household、animal、person）共 20 个小类（加上背景则是 21 类）。

④ Microsoft COCO。这是微软开发维护的大型图像数据集，标注过的图像超过 20 万张，有目标级分割、图像情景识别和超像素分割。总共有超过 33 万张的图像，150 万个对象实例，80 个 Object categories 和 91 个 stuff 类别。

那么如何利用这些数据集进行语义分割呢？主要分为如下两步。

① 准备语义分割的数据集。数据集可以是开源数据库的全部或者其中一部分内容，当然也可以根据实际需要再扩充一些自己的内容并构建成自己的数据库。在语义分割的数据集中应该含有图像以及与其对应的标注信息（每个像素所属的类别标签）。同时，需要把图像和标注信息划分为训练集、验证集以及测试集。还需要根据实际情况进行数据增强处理，用来增强数据的丰富程度以及模型的普适能力 [6]。

② 选择语义分割模型。常用的语义分割模型有 CNN、FCN、DeepLab 等。我们可以依据不同的应用场景，基于数据的特点、性能的需求以及计算资源等因素来选取适宜的模型。例如，CNN 能够自动学习图像的特征，对图像的平移、旋转等变换具有鲁棒性，可以通过卷积操作减少参数数量。而 FCN 直接从输入图像生成像素级的分割结果，而且它适应不同大小和形状的输入。

8.2 语义分割的常用模型

8.2.1 FCN 模型

2014 年，Jonathan Long 等人将全卷积网络（fully convolutional network，FCN）应用于语义分割，通过去除全连接层使得网络能够处理任意大小的输入图像并生成像素级的分割结果。在 Cityscapes 数据集上，FCN-8s 模型实现了非常好的语义分割结果。

FCN 的核心是凭借一系列连续的层来支撑传统的收缩网络，把池化步骤改成上采样步骤，从而提高了输出的分辨率。为了提高定位的精准度，FCN 将收缩阶段的高分辨率特征与上采样后的结果相结合，达成了更为精确的预测。

图 8-2 是 FCN 中不同变体的上采样细化分割预测过程，图中的虚线和点线代表了不同层次间的特征融合。这种融合使得网络能够融合来自深层（富含语义信息）和浅层（富含细节信息）的特征，以提升分割的精确性。

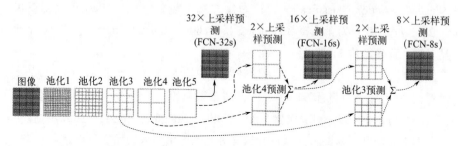

图 8-2　FCN 中的不同变体上采样细化分割预测过程

8.2.2　U-Net 模型

U-Net 是一种经典的神经网络架构，旨在解决图像分割问题。它于 2015 年由 Ronneberger 等人提出，如图 8-3 所示，以其独特的 U 形结构而闻名。这种 U 形结构已经被证明在许多图像分割任务中非常有效，尤其是在医学图像等领域。

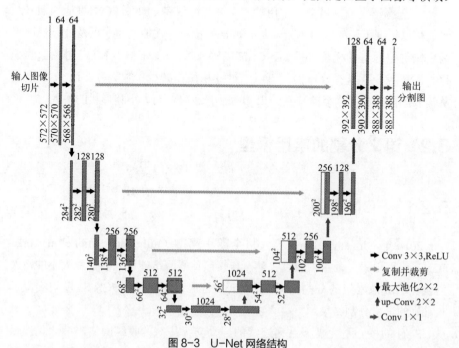

图 8-3　U-Net 网络结构

U-Net 模型已成为图像分割领域的重要基准模型之一。该结构由编码器和解码器两部分组成，旨在在保留图像上下文信息的同时，实现对感兴趣区域的准确分割。其实很多语义分割模型都采用了这种编码器 - 解码器（encoder-decoder）结构。其中编码器负责提取图像特征，而解码器负责将这些特征转换为像素级别的预测。

在图 8-3 所示的 U-Net 网络架构中，编码器是由一系列卷积层和最大池化层组成，用于逐渐减小特征图的空间尺寸，同时增加特征通道的数量。这有助于捕获图像的全局信息并为后续的分割任务提供丰富的特征表示。解码器是通过上采样层和卷积层逐步恢复特征图的空间尺寸，可以保留图像细节。同时，通过跳跃连接形成了在编码器和解码器之间的直连通路，将全局信息和局部细节结合起来生成精确的语义分割结果。

8.2.3　SegNet 模型

SegNet 也是一种语义分割网络，可以将图像分成不同的语义区域。它由剑桥大学的研究人员开发，具有轻量级、快速、准确的特点，广泛应用于自动驾驶、医学图像分析、遥感图像分析等领域。

如图 8-4 所示，输入（input）是 RGB 形式的原始图像，输出（output）是经过图像语义分割后的结果。中间的 SegNet 网络结构是对称的，其中左侧是由卷积和池化（pooling）构成的使图片逐步变小的编码器（encoder），右侧是由 upsampling 与卷积构成的解码器（decoder）。SegNet 采用了索引的方式进行上采样。也就是在进行池化操作时记录池化所取值的位置，然后在上采样时直接在当时记录的位置进行 upsampling（上采样）。这种结构能够更好地保留边界的特征信息。

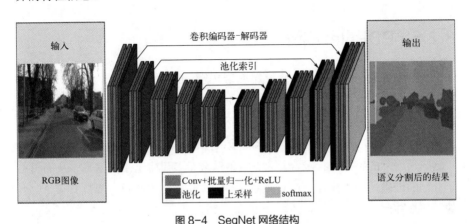

图 8-4　SegNet 网络结构

8.2.4　DeepLab 模型

　　DeepLab 系列模型是由谷歌团队开发的语义分割算法，核心是空洞卷积和基于全连接条件随机场的后处理。DeepLabV2 引入了空洞空间金字塔池化（atrous spatial pyramid pooling，ASPP）模块，它通过并行使用不同扩张率的空洞卷积，有效地捕获了多尺度的上下文信息。DeepLabV3 进一步优化了 ASPP 模块并引入了 multi-grid 策略，通过调整不同层的扩张率来解决空洞卷积的"棋盘效应"问题。DeepLabV3+ 是 DeepLab 系列的最新版本，它引入了编码器 - 解码器架构，结合了空洞卷积和 ASPP+ 模块。编码器由 DeepLabV3 构成，负责提取图像特征。而解码器则负责将这些特征上采样到原始图像分辨率，以生成精确的分割结果。图 8-5 是 DeepLabV3+ 网络结构。

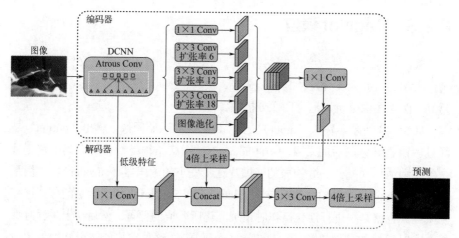

图 8-5　DeepLabV3+ 网络结构

8.2.5　PSPNet 模型

　　获取全局上下文信息是实现高精度语义分割的必要条件。为了尽可能地获取全局信息，2016 年 Zhao 等人设计了 PSPNet 模型，它的主要贡献在于创新的金字塔池化模块。该模块是为了捕获不同尺度的特征信息，使用空间金字塔池化（spatial pyramid pooling）技术将输入图像在不同尺度下进行分割，然后将这些尺度下的特征进行融合。它有效地结合了多尺度上下文信息，从而提高了分割的准确性和鲁棒性。在 Cityscapes 数据集上，PSPNet 模型实现了 81.2% 的平均交并比。

图 8-6 是 PSPNet 的结构，核心是利用金字塔池化模块来处理图像。这个模块包含多个不同尺寸的池化层，每个池化层对应于不同的感受野。这些池化层能够捕捉到图像的不同层次的上下文信息，从而帮助网络更好地理解图像内容，尤其是处理具有复杂背景和多样尺度的对象。

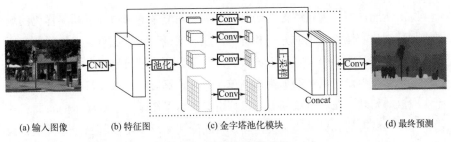

(a) 输入图像　　　　(b) 特征图　　　　(c) 金字塔池化模块　　　　(d) 最终预测

图 8-6　PSPNet 网络结构

8.3　城市街景图像的语义分割

由前面的内容可知，图像分割是计算机视觉领域中的一项重要任务，旨在将图像按照像素或区域划分为具有一定相关性的不同对象。而图像语义分割则是图像分割的一种特定形式，它不仅要将图像分割成不同的区域，还要确保每个区域都被分配了一个语义标签，即标识出每个区域属于图像中的哪一类物体或是属于背景。

在图像语义分割中，城市街景图像的语义分割又是一个特定的应用场景。这项工作需要面对复杂的城市环境和多样化的场景（包括道路、交通设施、行人、车辆、建筑物、城市景观与标志等），每个类别都有其特定的视觉特征和语义含义。

① 道路和交通设施。在城市街景图像中，道路是一个重要的语义类别，它通常占据图像的大部分区域。语义分割模型需要准确地识别道路的位置和形状，这些都是支持自动驾驶、进行交通流量监测的保障。除了道路，交通设施如交通信号灯、交通标志、人行横道等也是重要的语义类别。准确地识别这些交通设施可以帮助智能交通系统实时监测交通情况并进行智能控制。

② 行人和车辆。行人和车辆是城市街景图像中常见的动态事物。语义分割模型需要能够准确地检测和跟踪行人与车辆的位置来支持智能交通监控、行人检测等应用。同时，识别行人与车辆的行为和动态特征也是语义分割的一个重要挑战，例如行人的行走方向、车辆的行驶速度等信息对于交通管理和安全监测具有重要意义。

③ 建筑物和城市景观。建筑物也是城市街景图像中的重要语义类别，具

有多样的形状、颜色和纹理。语义分割模型需要能够准确地识别建筑物的轮廓，并对不同类型的建筑物进行分类，以达到支持城市规划和建筑监测等的应用目的。而城市景观如公园、广场、绿化带等也是城市街景图像中的重要组成部分。通过语义分割，可以对这些景观进行识别和分析，从而支持城市绿化、环境保护等工作。

综上所述，城市街景图像的语义分割涉及对复杂的城市环境和多样化的场景进行精细化的像素级别的分类和理解。通过准确地识别道路、建筑物、交通设施、行人和车辆等语义类别，城市街景语义分割模型可以用于很多场景。例如在自动驾驶中，可以帮助车辆识别道路、交通标志、行人和其他车辆等，从而实现自动驾驶。在城市规划上可以分析城市街景图像，了解城市的布局和功能分区，为城市规划提供决策支持。在智能交通系统中可以监测交通流量、识别交通违法行为等，提高交通管理的效率和安全性。在地图绘制时可以将街景图像中的语义信息转换为地图数据，为地图绘制提供自动化的方法。

在拍摄城市街景图像时，光照和天气条件对拍摄质量和视觉效果将产生重要影响。语义分割模型需要能够适应不同的光照条件和天气情况，以确保在各种环境下都能实现准确的语义分割。

8.4　城市街景语义分割模型的训练与实验

城市街景语义分割模型是一种基于深度学习技术的计算机视觉模型，用于将街景图像中的每个像素分类为不同的语义类别，例如道路、建筑物、车辆、行人等。

这些模型通常基于卷积神经网络（CNN）架构，通过对大量街景图像的训练，学习到不同语义类别的特征表示。在训练过程中，模型会根据输入的图像和对应的语义标注来调整模型的参数，以提高对不同语义类别的分类准确性。

8.4.1　数据集和语义分割工具的选取

本实验采用前面介绍的 Cityscapes 城市景观数据集，其中涵盖了从 50 个不同城市的街景里所记录下来的各种立体视频序列。数据集中的图像涵盖了城市街景的各种场景，包括道路、建筑物、车辆、行人、树木等。Cityscapes 数据集中，每张图像的大小均为 1024×2048 像素。

在语义分割上采用 MMSegmentation，它是一个基于 PyTorch 的轻量级开源图像分割框架，提供了丰富的模型和易于使用的 API，具有以下主要特性。

① 丰富的语义分割模型。它支持多种主干网络和算法，包括常用的 FCN、PSPNet、DeepLabV3 等，以及 Transformer 模型、实时分割模型等。

② 提供大量开箱即用的模型权重。在多个常用的语义分割数据集上提供了大量训练好的模型。

③ 具有统一的性能评估框架。优化和统一了训练和测试的流程，便于公平地比较各个模型在特定任务上的表现。

④ 利用注册器和配置文件实现了可扩展性和易用性。通过注册器可以自动将新实现的类添加到字典中，方便用户进行模型扩展。同时，用户可以通过配置文件轻松修改或添加数据集、预处理流程、网络模型和训练流程。

MMSegmentation 可以用于多个领域，如自动驾驶、医学图像分析、遥感图像分析等。用户可以根据具体需求选择合适的模型并使用 MMSegmentation 提供的工具进行训练和评估。

8.4.2　网络结构及其训练过程

在根据自己的电脑版本下载并安装、配置好对应版本的 PyTorch 和 Anaconda 后就可以进行训练与实验了。完整的步骤如下。

① 如图 8-7 所示，从官方网站下载并安装 Anaconda，然后创建一个 conda 环境并激活它（关于 Anaconda 的安装请参阅本书 4.1 ～ 4.3 节）。

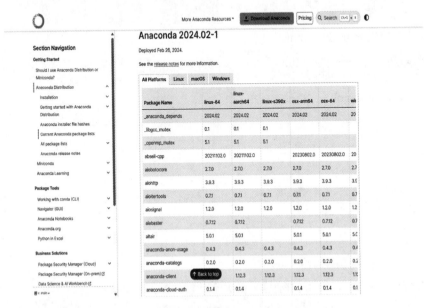

图 8-7　下载 Anaconda

② 如图 8-8 所示，参照 5.3 节安装 PyTorch。

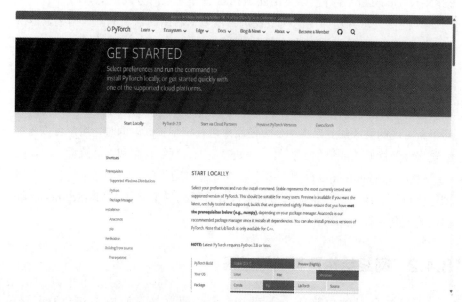

图 8-8　下载 PyTorch

③ 检验 PyTorch 和 Anaconda 是否安装成功，命令是：

```
import torch
torch._ version_
torch.cuda.is_ available()
```

④ 使用 mim 安装 mmcv。

```
pip install -U openmim
mim install mmcv-full
```

⑤ 检验 mmcv 是否安装成功，命令是：

```
import mmdet
from mmcv.ops import get_compiling_cuda_version,get_
compiler_version
# 检查mmdet是否可用
print(mmdet._version_)
# 检查mmcv安装是否成功
print(get_compiling_cuda_version())
print(get_compiler_version())
```

⑥ 安装 MMSegmentation。

```
pip install mmsegmentation
```

⑦ 验证 MMSegmentation 是否安装正确。这时需要下载配置和检查文件，

命令是：

```
mim download mmsegmentation
--config pspnet_r50-d8_512x1024_40k_cityscapes --dest
```

下载将需要几秒或更长时间，这取决于网络状况。完成后就能在当前文件夹中找到如下两个文件：

```
pspnet_r50-d8_512x1024_40k_cityscapes.py
pspnet_r50-d8_512x1024_40k_cityscapes_20200605_003338-
2966598c.pth
```

现在打开 Python 解释器并复制粘贴以下代码。

```
from mmseg.apis import inference_segmentor, init_segmentor
import mmcv
config_file = 'pspnet_r50-d8_512x1024_40k_cityscapes.py'
checkpoint_file = 'pspnet_r50-d8_512x1024_40k_
cityscapes_20200605_003338-2966598c.pth'
# build the model from a config file and a checkpoint file
model = init_segmentor(config_file, checkpoint_file,
device='cuda:0')
# test a single image and show the results
img = 'test.jpg'  # or img = mmcv.imread(img), which will
only load it once
result = inference_segmentor(model, img)
# visualize the results in a new window
model.show_result(img, result, show=True)
# or save the visualization results to image files
# you can change the opacity of the painted segmentation
map in (0, 1].
model.show_result(img, result, out_file='result.jpg',
opacity=0.5)
# test a video and show the results
video = mmcv.VideoReader('video.mp4')
for frame in video:
    result = inference_segmentor(model, frame)
    model.show_result(frame, result, wait_time=1)
```

可以适当修改上面的代码，通过测试单个图像或视频来验证安装是否成功。

⑧ 如图 8-9 所示，从官网下载 Cityscapes 数据集。

如图 8-10 所示，选择需要的数据集下载。然后打开 Python 解释器并复制粘贴以下代码来验证数据集是否安装成功。

```
pip install cityscapesscripts
python -m pip install cityscapesscripts
python -m pip install cityscapesscripts[gui]
```

图 8-9　Cityscapes 官网

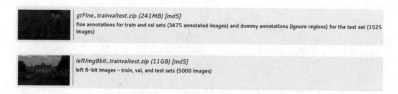

图 8-10　下载 Cityscapes 中的数据集

8.4.3　实验验证及其结果

　　打开 Python 解释器并复制粘贴以下代码对模型进行训练（请注意：下述代码为本书实验的存储路径，读者应该根据自己的实际路径进行更改）。训练过程如图 8-11 所示。

```
Python tools/train.py --config my_model/deeplabv3plus_r50-
d8_4xb2-40k cityscapes-512x1024.py --work-dir work_dirs/train _
visua
```

　　在上述代码中，"Python tools/train.py"是执行训练任务的命令，负责解析命令行参数并启动训练过程。紧跟在后面的参数"--config my_model/deeplabv3plus_r50-d8_4xb2-40k cityscapes-512x1024.py"指定了训练文件的所在路径，该文件包含了模型结构、训练策略、数据集路径等所有必要的信息。在本例中，配置文件位于 my_model 目录下，文件名为"deeplabv3plus_r50-d8_4xb2-40k cityscapes-512x1024.py"，它是一个使用 DeepLabv3+ 模型、基于 ResNet-50 骨干网络并针对 Cityscapes 数据集进行训练的一个配置。

　　上述代码的最后一个参数"--work-dir work_dirs/train _visua"指定了工作目录，实验中所有的输出（如模型权重、日志文件、检查点等）都将存储在这个目录下。在本例中，输出将被保存到"work_dirs/train_visua"目录。

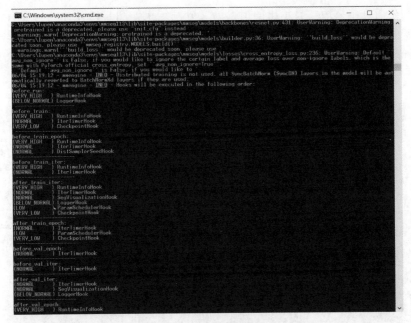

图 8-11　训练模型的过程

模型训练完成以后会直接显示出训练的结果，画面如图 8-12 所示。

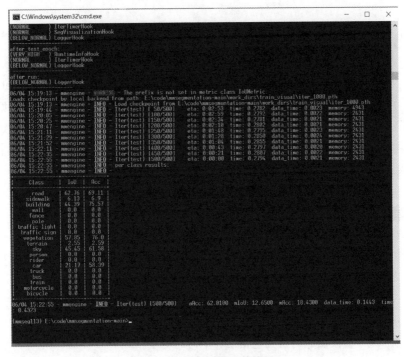

图 8-12　模型训练后的结果

在训练结束后，显示出的街景语义分割结果如图 8-13 所示。可以看出，原始图像中的不同景物被分割成了不同的颜色块。在此基础上就可以继续完成后续的图像处理、模式识别以及其他任务了。

图 8-13　街景语义分割的结果

8.5　本章小结与练习

本章讲述了基于深度学习的城市街景语义分割。首先介绍了语义分割的背景、意义和基础知识，以及语义分割的发展情况。然后简单介绍了 5 种常见的用于语义分割的深度学习模型及其算法，为后续城市街景下的语义分割做知识铺垫。在引出了城市街景下语义分割的背景及其含义后，以 MMSegmentation 为模型并选取 Cityscapes 数据集进行了训练和验证。

本章练习

1. 语义分割有哪几种主流方法？
2. 语义分割使用的数据集主要有哪几种？
3. 常用的语义分割模型有哪些？
4. 图像语义分割的作用是什么？
5. 城市街景图像的语义包括几种不同的类型？
6. 实践本章的基于深度学习的城市街景语义分割。

参考文献

[1] 李利荣，丁江，梅冰，等. 基于像素注意力特征融合的城市街景语义分割算法研究 [J]. 电子测量技术，2023, 46(20):184-190.

[2] 杨海红. 基于卷积神经网络的城市街景图像语义分割研究 [D]. 烟台：山东工商学院，2023.

[3] 王瑞绅. 基于深度学习的街景图像语义分割方法研究 [D]. 南京：南京信息工程大学，2023.

[4] 姜长泓，梁奇强，李秀华. 城市街景图像语义分割方法研究 [J]. 长春工业大学学报，2022, 43(Z1):447-453.

[5] Yanling Z, Holger W, Barbara K. Towards Urban Scene Semantic Segmentation with Deep Learning from LiDAR Point Clouds: A Case Study in Baden-Württemberg, Germany[J]. Remote Sensing, 2021, 13(16): 3220.

[6] Maksims I, Kaspars O, Artis D, et al. Improving Semantic Segmentation of Urban Scenes for Self-Driving Cars with Synthetic Images[J]. Sensors, 2022, 22(6): 2252.

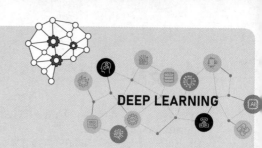

DEEP LEARNING

第 9 章

基于 wespeaker 的
声纹识别技术

学习
目标

- **了解：** 声纹识别技术的基本概念、发展历史、基本原理及其应用领域。
- **掌握：** wespeaker框架中声纹识别的主要技术，包括特征提取、模型训练及
  识别过程。
- **理解：** 声纹识别在各种实际应用场景中的优势及挑战。
- **实践：** 以一个实际案例为例，完成基于wespeaker的声纹识别系统的开发流
  程并分析其中的关键技术。

9.1 声纹识别技术概述

在当今高度数字化和智能化的信息时代，传统的身份认证方式如密码、身份证、指纹识别等已无法完全满足人们对安全性和便利性的需求。声纹识别技术因其非接触、高安全性、低成本、易于采集和操作简单等优点，逐渐成为一种重要的身份认证手段。

声纹识别技术的核心在于通过分析和处理说话人的语音信号来提取出独特的声纹特征。这些特征包括声带的振动频率、口腔和鼻腔的共振等，具有难以伪造的特性。正是由于这些独特性，声纹识别技术在金融、安防、智能设备等多个领域得到了广泛应用。例如，在金融支付中，声纹识别可以与密码结合使用，进一步提升交易的安全性；在公共安全领域，通过分析嫌疑人的语音，可以帮助警方确认其身份；在智能家居和智能设备中，通过声纹识别可以实现个

性化的服务和设备管理权限的分配。

wespeaker 是一种基于深度学习的开源框架，专门用于音频处理和声纹识别。它通过先进的神经网络模型，如 ResNet，能够精确地提取和识别语音信号中的特征，具有很高的准确性和鲁棒性。此外，wespeaker 还可以处理各种环境噪声，提高声纹识别系统在实际应用中的抗噪性能。本章将介绍基于 wespeaker 的声纹识别技术的基本原理、主要技术及其实际应用案例。

9.1.1　声纹识别的发展历程

声纹识别技术的起源可以追溯到 20 世纪 30 年代，当时研究者开始探索人类听觉辨认和听音识别的可能性。1945 年，贝尔实验室的 L.G. Kesta 进行了语音频谱识别的研究，发现语音信号在频谱图上具有高度匹配的特性。这一发现使语音频谱图成为声纹识别的参考依据。随后，同实验室的 S. Pruzansky 利用模板匹配和概率统计方法进一步推动了声纹识别的研究。

20 世纪 60 ～ 70 年代，研究者开始基于声学模型进行声纹识别研究。B.S. Atal 通过声纹识别系统对多种参数的有效性进行了研究，包括线性预测倒谱系数（linear prediction cepstral coefficients，LPCC）、声道的冲激响应、自相关系数、声道面积函数以及倒谱系数等。他提出的倒谱系数成为一种有效的语音样本特征，随后进一步研究出线性预测倒谱系数（LPCC），提高了系统的精度。在识别方法方面，DTW（动态时间规整）成为主流方法，有效解决了时间不等长匹配的问题。

到了 20 世纪 80 年代，研究人员将重心放在了特征参数的研究和寻找新的模式匹配方法上。梅尔频率倒谱系数（Mel-frequency cepstral coefficients，MFCC）应运而生，通过将信号短时频谱中线性频率刻度转化为梅尔频率刻度，再转换到倒谱域中使用，使声纹识别模型的鲁棒性和准确率得到提高。在识别方法方面，矢量量化技术成为与文本无关的说话人识别的基准方法。

1995 年，Reynolds 的团队提出了基于最大似然概率统计的高斯混合模型（Gaussian mixture model，GMM），这种模型具有操作简单、灵活和鲁棒性强等优点，使得声纹识别技术取得了突破性进展。随后，该团队提出了 GMM-UBM（基于泛用背景的高斯混合模型），进一步提高了识别精度。

近年来，深度学习方法被广泛应用于声纹识别领域，研究进入了新的阶段。在这些新的研究方法中，有的将深度学习算法与传统算法相结合进行特征提取和训练；有的使用深度学习技术替代传统声纹识别模型的一部分，例如用深度学习模型代替 GMM，以达到更高级的声学识别效果；还有的基于深度学习的全新声纹识别解决方案，如 d-vector 和 x-vector 技术。

深度学习在声纹识别技术中的应用使得声纹识别在安全性、个性化和智能交互等领域展现出更大的潜力和应用价值。

9.1.2 wespeaker 框架的特点与优势

wespeaker 是一种先进的开源音频处理和说话人识别框架，被广泛应用于各种声音分析任务，如说话人识别、语音活动检测和语音分割等。其核心优势在于模块化设计，允许用户根据项目需求灵活选择和组合各种功能模块，极大地简化了从音频输入到最终结果的处理流程。例如，用户可以单独使用语音活动检测模块筛选有效语音段落，再利用说话人识别模块进行身份验证或区分，这种设计不仅提高了框架的可用性，还使得工作流程更加高效。

wespeaker 在性能优化和算法上的高效表现是其另一大优势。基于最新的深度学习技术，wespeaker 配备了一系列经过优化的预训练模型，这些模型在各种环境下都能保持良好的识别准确率和稳定性，无论是在安静的实验室环境中还是在噪声较多的实际应用场景中。此外，其支持的多任务处理能力意味着用户可以在同一框架下同时进行多种音频处理任务，在节省资源的同时又提升了工作效率。

选择 wespeaker 作为声纹识别工具的决策不仅基于其技术优势，还包括对用户友好的接入和支持。

wespeaker 还特别注重实际应用中的音频环境挑战，其预训练模型和算法在设计时就已考虑到背景噪声和其他干扰，具备强大的抗噪声处理能力，确保即使在非理想环境中也能维持高准确率。这些特点共同使得 wespeaker 成为执行声纹识别和其他音频处理任务的理想选择，无论是在实验室研究还是在商业应用中。wespeaker 的另一个优势在于其良好的扩展性。其框架设计简洁明了，用户可以根据需要添加自定义的模型、算法和功能模块，以满足特定应用场景的需求。比如，用户可以将自己开发的深度学习模型集成到 wespeaker 中，进一步提高系统的性能和准确性。这种高扩展性使得 wespeaker 在研究和工业界都具有广泛的应用前景。

为了帮助用户更好地使用 wespeaker，框架还提供了详尽的文档和丰富的代码示例。无论是新手还是有经验的研究人员，都可以通过这些文档和示例快速上手，了解框架的使用方法和最佳实践。这种详细的文档支持和丰富的示例代码，使得 wespeaker 成为一个非常易用的工具包，大大降低了学习和使用的门槛。

9.1.3　VoxCeleb 数据集概述

VoxCeleb 数据集是目前语音识别和说话人识别领域中使用最广泛的数据集之一，由牛津大学 Visual Geometry Group 开发并发布。该数据集包含大量的音频和视频片段，涵盖了来自不同背景和口音的说话者，为研究和开发高性能的说话人识别系统提供了丰富的数据资源。

VoxCeleb 数据集的收集方式非常独特，主要是在 YouTube 等视频平台上自动抓取名人访谈视频并从中提取音频片段。这些音频片段经过精细地处理和标注，确保了数据的高质量和多样性。VoxCeleb 数据集的一个显著特点是其大规模和多样性，这使得它在训练和评估说话人识别模型时具有很高的实用价值。

（1）VoxCeleb 数据集的组成与特点

VoxCeleb 数据集分为两个主要版本：VoxCeleb1 和 VoxCeleb2。其中，VoxCeleb1 包含超过 140000 个音频片段，覆盖了 1251 名说话者，而 VoxCeleb2 则进一步扩展了数据规模，包含超过 100 万个音频片段，覆盖了 6112 名说话者。这两个版本的数据集在语音长度、音频质量和背景噪声等方面都具有高度的多样性，能够有效地模拟实际应用中的各种场景。

VoxCeleb 数据集的音频片段长度从几秒到几分钟不等，背景噪声和干扰因素也各不相同。这种多样性不仅提高了数据集的实际应用价值，还使得基于该数据集训练的模型在处理真实世界中的音频数据时表现得更加鲁棒。此外，VoxCeleb 数据集还包含丰富的元数据，如说话者的性别、国籍和职业等，为研究人员提供了更多的分析维度。

VoxCeleb 数据集的标注过程也非常严格，确保了每个音频片段的准确性和可靠性。在数据收集阶段，开发团队使用了自动化的语音活动检测和人脸识别技术，从视频中提取出包含有效语音的片段。随后，这些片段经过人工审核和精细处理以去除无关的噪声和干扰。最终的音频片段都经过高质量的编码和压缩，确保在训练和评估模型时能够获得一致的性能表现。

（2）VoxCeleb 数据集的应用场景

VoxCeleb 数据集在说话人识别、语音验证和声纹识别等多个领域都有广泛应用。在说话人识别方面，研究人员利用 VoxCeleb 数据集训练深度学习模型，以实现高精度的说话人分类和身份验证。在语音验证领域，VoxCeleb 数据集提供的多样化语音样本使得模型能够有效地区分合法用户和冒名顶替者。此外，VoxCeleb 数据集还被用于声纹识别研究，通过提取和分析说话者的声纹特征，实现对说话者身份的精准识别。

基于 VoxCeleb 数据集的研究已经取得了许多重要成果。例如，许多顶级研究机构和企业都使用 VoxCeleb 数据集进行说话人识别模型的训练和测试，取得了显著的进展。同时，VoxCeleb 数据集也成为了学术界和工业界评估说话人识别技术的重要基准数据集。

9.2　基于 wespeaker 的声纹识别技术细节

在理解了 wespeaker 框架的特点与优势以及 VoxCeleb 数据集的基本情况后，我们将深入探讨 wespeaker 在声纹识别中的具体应用技术。wespeaker 框架的强大功能主要体现在其对音频特征的精准提取、模型的高效训练与优化，以及最终的识别过程和算法实现上。通过对这些技术细节的全面了解，我们将能够掌握如何利用 wespeaker 框架进行高效的声纹识别系统开发。

声纹识别的核心在于能够准确地提取出说话者独特的声学特征，并利用这些特征进行可靠的身份验证。在这一过程中，特征提取方法、模型训练与优化，以及识别算法的选择与实现都是关键环节。每一个环节都对声纹识别系统的最终性能有着重要影响。

下面我们将首先介绍 wespeaker 框架中常用的特征提取方法。特征提取是声纹识别的基础，只有从原始音频信号中提取出有用的特征，才能为后续的模型训练和识别过程提供可靠的数据支持。特征提取方法的选择直接影响到系统的识别精度和鲁棒性，因此在声纹识别技术中占据重要地位。

9.2.1　梅尔频率倒谱系数（MFCC）

在声纹识别技术中，特征提取是一个至关重要的步骤，它将原始的音频信号转化为机器学习模型可以处理的特征向量。梅尔频率倒谱系数（MFCC）是最常用和最有效的音频特征之一。MFCC 通过模拟人耳的听觉特性来提取音频信号的特征，因此在语音识别和声纹识别任务中表现出色。

为了更好地理解 MFCC 的作用和计算过程，下面以一个例子来说明。想象在一个音乐会现场有很多乐器在演奏，我们的耳朵和大脑能够自动分辨出不同乐器的声音，比如钢琴、小提琴和鼓的声音，这是因为听觉系统能够捕捉和分析这些不同音质声音的各自特征。MFCC 的工作原理与此类似，它通过一系列步骤将音频信号中的重要特征提取出来，让机器也能够"听到"并区分不同的声音。

要想更好地理解和使用 MFCC，首先需要了解一些相关的基本概念，包括梅尔频率（Mel 频率）、梅尔谱（Mel 谱）以及 MFCC 的计算步骤。

（1）Mel 频率与 Mel 谱

Mel 频率是模拟人耳听觉感知的一种非线性频率尺度。人耳对频率的感知并不是线性的，我们通常对低频声音的变化比对高频的变化更加敏感。Mel 频率尺度正是为了更好地模拟这种听觉特性而设计的。具体来说，Mel 频率 Mel(f) 与物理频率 f 的关系如式（9-1）所示。

$$Mel(f) = 2595 \times \lg\left(1 + \frac{f}{700}\right) \tag{9-1}$$

式（9-1）表明，低频部分的 Mel 频率尺度接近于线性，而高频部分则接近于对数尺度。这种设计使得特征提取更加符合人类听觉的特性。

Mel 谱是将音频信号的频谱映射到 Mel 频率尺度上。通过使用一组 Mel 滤波器将音频信号的频谱分解成若干个频带，然后通过计算每个频带的能量得到 Mel 频谱图。Mel 谱可以更好地反映人耳对不同频率声音的感知，它是 MFCC 计算的中间步骤。

（2）MFCC 的计算步骤

为了更好地理解 MFCC 的计算过程，我们继续前面音乐会的比喻：人类能够自动区分音乐会现场钢琴、小提琴、鼓等不同乐器的声音，这是因为听觉系统捕捉和分析了不同声音的特征。MFCC 的原理类似，其通过特定步骤提取音频信号的重要特征，供机器"识别"声音。为此，MFCC 的计算步骤如下。

① MFCC 的计算过程从预加重开始。在音乐会上我们一般会微微倾斜头部以获得更清晰的声音，预加重就是对音频信号进行高频增强的过程。这样做是为了平衡语音信号的频谱，通过补偿高频部分的能量衰减而使得高频细节更加突出。

② 将音频信号分成若干帧，每帧包含 20 ～ 40ms 的音频数据。分帧的目的是确保每一帧内的音频信号可以视为平稳信号，便于进行频谱分析。这就像在音乐会上我们可能会集中注意力在某一段旋律上，因此分帧可以帮助我们聚焦在音频信号的特定部分。

每一帧音频信号经过汉明窗的处理后再通过快速傅里叶变换（fast Fourier transform，FFT）将时域信号转换为频域信号，然后得到每帧的频谱。可以将 FFT 想象成一个魔术师，它能够将音频信号中的各个频率成分一一展现出来，帮助我们看到音频信号中的频谱。

为了让机器能够更好地理解这些频率成分，我们使用了一组 Mel 滤波器。Mel 滤波器组通过加权求和的方法将频谱能量分布转换到 Mel 频率尺度上。就像在音乐会上我们的大脑能够自动过滤和突出最感兴趣的乐器声音，Mel 滤波器组能够突出音频信号中最重要的频率成分。

③ 对 Mel 滤波器组输出的能量取对数。这一步是将乘法运算通过对数操作而转化为加法运算，并且能够压缩能量值的动态范围，从而使得特征更加稳定和易于处理。例如在音乐会上我们听到的声音有大有小，但我们的大脑能够自动进行调整，因此并不会被突如其来的大声吓到，而对数处理就是起到了类似的作用。

④ 对对数化的 Mel 频谱进行离散余弦变换（discrete cosine transform，DCT），最终得到 MFCC 特征。离散余弦变换的作用是将特征向量从频域转换到倒谱域，并且可以压缩数据量，只保留前几个重要的系数（通常取前 13 个）。这些系数即为最终的 MFCC 特征。就像在音乐会上，我们通常记住的往往是最精彩的几个部分乐章，而 DCT 就是帮助我们只保留音频信号中最重要的一些特征。

在实际操作时，使用快速傅里叶变换（FFT）可以高效地计算 MFCC，并由 MFCC 提供高度稳定且具有代表性的语音特征向量。这种特征提取方法在面对不同音频环境和噪声干扰时，依然能够保持较高的识别准确率。

因此，MFCC 在各种语音处理任务中被广泛应用，并在实际应用中展现出了卓越的性能和可靠性。理解和掌握 MFCC 的计算原理和基本步骤，对于开发高效的声纹识别系统至关重要。

（3）MFCC 的优势与应用

MFCC 之所以被广泛应用于语音和声纹识别，主要有以下 2 个原因：

① MFCC 的计算过程考虑了人耳对不同频率声音的敏感度，使用 Mel 频率尺度来模拟人耳的听觉特性，使得提取的特征更符合人类听觉感知。

② MFCC 在处理具有噪声和干扰的音频信号时表现出较强的鲁棒性。通过对数处理和 DCT 能够有效地压缩数据的动态范围并减少噪声的影响，从而提高特征的稳定性。

MFCC 已经成为语音识别和声纹识别领域的标准特征提取方法，广泛应用于各种语音处理任务。其成熟的理论基础和丰富的应用经验，使得 MFCC 在实际应用中具有很高的可靠性。

9.2.2　滤波器组特征 filter bank

在声纹识别技术中，特征提取是一个至关重要的步骤。前面我们介绍了MFCC，它通过模拟人耳的听觉特性来提取音频信号的特征，因此在语音识别和声纹识别任务中表现出色。随着深度学习在声纹识别中的广泛应用，filter bank（FBank）特征也越来越受到重视，并被认为在某些情况下能够提供更好的识别效果。

FBank 特征的全称是滤波器组特征，它与 MFCC 有着密切的关系，但也有显著的区别。MFCC 的计算过程包括了对数处理和离散余弦变换，这些操作的目的是压缩数据和去除冗余信息，从而得到一组更紧凑的特征。然而这种压缩处理有时会丢失一些细节信息，而这些细节在复杂的声纹识别任务中可能是重要的。相比之下，FBank 特征则更为直接，它保留了更多的原始频谱信息，从而提供了更真实、丰富的特征表达。

FBank 特征的计算步骤与 MFCC 有相似之处，但也有所不同。首先同样需要将音频信号分帧并进行预加重处理，然后对每一帧进行快速傅里叶变换后得到频谱图。接下来应用 Mel 滤波器组将频谱图转换到 Mel 频率尺度上。与 MFCC 不同的是，FBank 特征并不进行对数处理和 DCT 变换，而是直接使用滤波器组输出的能量作为特征。这种方法保留了更原始的频谱信息，能够更细致地反映音频信号的特性。

FBank 特征与 MFCC 相比，最大的优势在于 FBank 特征能够提供更高的频谱分辨率。这意味着 FBank 特征在捕捉声音的细微变化和细节方面更为出色，特别是在复杂的声纹识别任务中，这些细节可能是区分不同说话者的重要线索。因此，许多现代的深度学习声纹识别系统更倾向于使用 FBank 特征，利用其高分辨率的优势来提升识别性能。其实 FBank 特征与 MFCC 一样，是通过模拟人耳的听觉特性来提取音频信号的特征，但 FBank 特征保留了更多的原始频谱信息，从而提供了更丰富和精细的特征表达。

在 wespeaker 框架中，FBank 作为特征提取的一个核心方法，能够有效地提取音频信号中的关键特征，为后续的模型训练和识别过程提供高质量的数据支持，可以提高声纹识别系统的性能和鲁棒性。在下面的一节中，我们将详细介绍如何获得 FBank 特征。

9.2.3　FBank 的代码实现

前一节讨论了 FBank 特征及其在声纹识别中的优势。但在介绍过程中可以看出，FBank 的计算步骤比较多。不过幸运的是，PyTorch 及其相关库已经提供了许多方便的函数，可以帮助我们简化这一过程。为了实现 FBank 特征的提取，可以使用 Python 和相关的音频处理库。图 9-1 是一段实现 FBank 特征提取的代码。

```
import torch
import torchaudio
import torchaudio.compliance.kaldi as kaldi

def compute_fbank(wav_path,
                  num_mel_bins=80,
                  frame_length=25,
                  frame_shift=10,
                  dither=0.0):

    waveform, sample_rate = torchaudio.load(wav_path)
    waveform = waveform * 32768
    mat = kaldi.fbank(waveform,
                      num_mel_bins=num_mel_bins,
                      frame_length=frame_length,
                      frame_shift=frame_shift,
                      dither=dither,
                      sample_frequency=sample_rate,
                      window_type='hamming',
                      use_energy=False)

    mat = mat - torch.mean(mat, dim=0)
    return mat
```

图 9-1　FBank 的特征提取函数

在图 9-1 中，首先定义了一个名为 compute_fbank 的函数，用于从音频文件中提取 FBank 特征。函数接收多个参数，包括音频文件路径 wav_path、滤波器组的数量 num_mel_bins、帧长 frame_length、帧移 frame_shift 以及抖动参数 dither。这些参数可以根据具体需求进行调整，以适应不同的音频处理任务。

在函数内部，我们首先使用 torchaudio.load 方法加载音频文件。torchaudio 是一个强大的音频处理库，能够方便地读取和处理音频数据。在图 9-1 中对应的语句为

```
waveform, sample_rate = torchaudio.load(wav_path)
```

由于在许多音频处理工具中，音频信号通常被标准化为 –1 到 1 之间的小数，而 Kaldi 库采用的是 16 位 PCM 格式的标准，期望输入的音频信号范围在 –32768 到 32767 之间。所以在加载音频文件后，我们必须对波形数据进行缩放，将其乘以 32768，使音频信号的幅度调整到 Kaldi 库所期望的范围。在图 9-1 中对应的语句为

```
waveform = waveform * 32768
```

接下来使用 torchaudio 中的 kaldi.fbank 函数计算 FBank 特征。kaldi 是一个著名的语音识别工具包，它提供了丰富的音频处理功能。这里的 kaldi.fbank 函数通过指定滤波器组的数量、帧长、帧移、抖动参数、采样率、窗函数类型以及是否使用能量等参数，来计算 FBank 特征。具体来说，我们将音频信号

分成若干帧，对每帧应用快速傅里叶变换（FFT），然后通过 Mel 滤波器组转换到 Mel 频率尺度上，得到每帧的滤波器组能量值。

在这些参数中，num_mel_bins 指定了 Mel 滤波器组的数量，默认值为 80，这意味着我们将频谱分成 80 个频带。这个参数决定了频谱分辨率，数量越多，频谱信息越详细。frame_length 指定了每帧的长度，默认值为 25ms，这是常见的帧长选择，能够保证每帧内的信号可以近似看作平稳信号。frame_shift 指定了相邻帧之间的开始时间间隔，默认值为 10ms。这意味着每帧之间有一定的重叠。例如，如果帧长（frame_length）为 25ms，帧移（frame_shift）为 10ms，则每帧之间有 15ms 的重叠。这有助于平滑过渡和特征连续性。dither 是一个抖动参数，默认值为 0.0，抖动是一种添加微小随机噪声的方法，可以提高信号处理的鲁棒性，避免量化误差。

为了进一步处理这些特征，我们应用了倒谱均值归一化（cepstral mean normalization,CMN），这一步是为了消除长时间信号中的均值偏差。具体操作是将 FBank 特征减去每一帧的均值，以确保特征的均值为零。这有助于提高特征的稳定性和鲁棒性。在图 9-1 中对应的语句为

```
mat = mat - torch.mean(mat, dim = 0)
```

最终，函数返回处理后的 FBank 特征矩阵，wespeaker 框架中也集成了相似功能的代码。这些特征矩阵可以作为输入数据用于训练声纹识别模型。通过这种方式，我们能够从音频文件中提取出具有丰富信息的 FBank 特征，为后续的声纹识别任务提供数据支持。

9.3 构建一个简单的基于 wespeaker 的声纹识别系统

在前面的章节中，我们详细讨论了如何提取音频信号中的 FBank 特征。下面我们将详细介绍如何构建一个简单的基于 wespeaker 的声纹识别系统。这个系统分为三个主要部分，分别是模型训练、声纹对比和 UI 设计。与前面几个章节的实例不同，本章所有的代码都是在 Ubuntu 20.04 操作系统下完成的。

9.3.1 声纹特征模型的训练

（1）模型的选择

FBank 特征捕捉了说话者独特的声学特性，但要将这些特征用于实际的声纹识别，我们还需要训练一个强大的深度学习模型。在这里我们选择了 ResNet34 架构的模型，通过训练它来实现从 FBank 特征到声纹识别的转化。

声纹识别系统的整体框架可以看作是一个音频信号处理的流水线。首先从原始音频信号中提取出 FBank 特征，这些特征向量就像是音频信号的"指纹"，包含了说话者的独特信息。然后需要一个模型来学习这些特征，并利用它们来区分不同的说话者。这就是深度学习模型发挥作用的地方。本次我们选择的是 ResNet34 架构来完成这一任务。

ResNet34 是一个深度残差网络，残差网络的优势在于可以训练非常深的网络而不会出现梯度消失的问题。通过引入"跳跃连接"，ResNet34 能够有效地学习复杂的特征，在处理高维数据时表现出色。虽然 ResNet34 网络最初是为图像识别任务设计的，但它在处理音频特征方面也表现优秀。

具体来说，训练模型的目的是让模型能够根据输入的 FBank 特征识别出说话者的身份。我们希望模型能够从大量的训练数据中学习到不同说话者的特征模式，并在遇到新音频时准确地识别出该音频属于哪个说话者。这就像是训练一个音乐鉴赏家，通过不断聆听不同乐器的声音，最终能够准确区分出每种乐器的风格特征。

在训练过程中，我们会将大量标注好的音频数据输入到 ResNet34 模型中。这些数据包括说话者的音频和对应的标签（标签表示音频来自于哪个说话者）。模型通过不断调整其内部参数，学习这些输入数据的特征模式。网络就像是一个学生，通过不断地听讲和练习，逐渐掌握了每种乐器的独特之处。我们希望最终得到一个能够准确提取声纹特征的模型。具体而言，就是期望模型能够根据输入的 FBank 特征，输出一个特征向量，而这个向量表示的就是说话者的独特声纹特征。

之所以选择深度学习网络，是因为它在声纹识别领域有着一些优势。首先，深度学习模型具有强大的学习能力，能够处理复杂的高维数据。其次，深度学习模型可以自动提取特征，而不需要手工设计特征提取方法。最后，深度学习模型具有很好的扩展性和适应性，能够在大量数据上进行训练并获得很高的准确性。

通过以上的介绍可以看到，从原始音频信号到最终识别出说话者，深度学习模型在其中扮演了关键角色。选择 ResNet34 架构并结合 FBank 特征，我们能够构建一个高效、准确的声纹识别系统。

（2）实验环境的配置

要使用 wespeaker 进行声纹识别模型的训练，我们首先需要配置实验环境。以下是详细的步骤：

① 克隆 wespeaker 库。首先是克隆 wespeaker 的 GitHub 库到本地。

② 创建并激活 conda 环境。使用 conda 创建一个新的 Python 环境，并安

装 PyTorch 和相关依赖，代码如下：

```
conda create -n wespeaker python=3.9
conda activate wespeaker
conda install pytorch=1.12.1 torchaudio=0.12.1
cudatoolkit=11.3 -c pytorch -c conda-forge
```

这里采用了 Python 3.9 和 PyTorch 1.12.1 版本，但经过测试发现更新到 PyTorch 2.0.0 等版本也可以正常运行。

③ 安装依赖。进入克隆的 wespeaker 目录，使用 pip 安装所需的 Python 依赖：

```
cd wespeaker
pip install -r requirements.txt
pip install .
```

在上面的最后一步中，应使用"pip install ."命令完成 wespeaker 库的安装，以便正常调用和使用。如果读者需要向官方仓库提交代码，则还可额外使用"pre-commit install"命令安装代码风格检查工具，以确保代码规范。

通过这些步骤就成功配置好了 wespeaker 的实验环境。接下来将详细讲解如何使用 wespeaker 框架训练一个声纹识别模型，包括数据准备、特征提取、模型架构、训练过程以及模型评估等内容。

（3）模型的训练

为了训练一个高效的声纹识别模型，我们需要使用大型且多样化的语音数据集 VoxCeleb，该数据集请自行下载。在配置好实验环境并准备好数据集后，我们开始训练模型。

在处理大规模数据集（如 VoxCeleb）时，通常需要编写复杂的数据处理脚本，这对个人开发者来说可能是一个挑战。这些需要编写的脚本内容包括数据的下载、解压、格式转换和特征提取等步骤，每一个步骤都可能需要处理大量的音频文件和元数据。此外，数据的一致性和完整性也需要仔细检查，以确保训练数据的质量。

好在 wespeaker 已经为 VoxCeleb 数据集提供了专门的数据处理脚本。这些脚本能够自动化地进行数据准备和特征提取过程，极大地简化了工作。通过调用 wespeaker 中的工具脚本，我们可以轻松地将音频数据转换为模型训练所需的格式，而不必从头开始编写这些处理逻辑。这个专门处理 VoxCeleb 数据集并进行训练的脚本被放在 wespeaker/examples/voxceleb/v2 文件夹中。

下面我们就具体讲解这个 run.sh 脚本文件。run.sh 全部代码较长，开头参数设置部分的代码如图 9-2 所示。

这个是 run.sh 文件默认代码的开头部分，其中定义了一些重要参数。用户可以根据自己的需求进行更改，这些参数的具体意义如下。

```
stage=-1
stop_stage=-1

data=data
data_type="shard"   # shard/raw

config=conf/campplus.yaml
exp_dir=exp/CAMPPlus-TSTP-emb512-fbank80-num_frms200-aug0.6-spTrue-saFalse-ArcMargin-SGD-epoch150
gpus="[0,1]"
num_avg=10
checkpoint=

trials="vox1_O_cleaned.kaldi vox1_E_cleaned.kaldi vox1_H_cleaned.kaldi"
score_norm_method="asnorm"   # asnorm/snorm
top_n=300

# setup for large margin fine-tuning
lm_config=conf/campplus_lm.yaml
```

图 9-2　在 run.sh 文件中设置参数

- stage 和 stop_stage：分别定义了从哪个阶段开始和结束，默认都设置为 −1。关于这两个参数在本节的后面还有进一步的说明，例如 stage=1 和 stop_stage=3 表示从数据准备开始，到模型训练结束。
- data：数据目录路径。这个参数指定了数据存放的根目录。
- data_type：数据类型，可以是 shard 或 raw。shard 表示分片数据格式，raw 表示原始数据格式。
- config：模型配置文件路径。例如图 9-2 中的是 conf/campplus.yaml。
- exp_dir：实验目录路径，用于存放模型训练的输出和日志。在图 9-2 中是 exp/CAMPPlus-TSTP-emb512-fbank80-num_frms200-aug0.6-spTrue-saFalse-ArcMargin-SGD-epoch150。
- gpus：指定使用的 GPU 编号。例如，"[0,1]" 表示使用 GPU 0 和 1。
- num_avg：模型平均的数量，用于模型评估阶段。
- checkpoint：模型检查点文件路径。如果需要从某个检查点继续训练，可以指定这个参数。
- trials：评估数据文件列表。图 9-2 中指定的是 vox1_O_cleaned.kaldi、vox1_E_cleaned.kaldi、vox1_H_cleaned.kaldi。
- score_norm_method：评分归一化方法，可以是 asnorm 或 snorm。
- top_n：评分归一化方法中使用的 top 中的 n 个最近邻数据数量。
- lm_config：大边距微调的配置文件路径。图 9-2 中给出的是 conf/campplus_lm.yaml。

有必要再说明一下 config 这个参数，通过设置 config 参数可以选择不同的网络来进行训练。由于 wespeaker 预先设置好的网络中已经包含了 ResNet34 模型，所以我们只需要将 config 参数选择设为 conf/resnet.yaml 即可。当然如果想尝试修改设置自定义网络，也可自行编写网络配置文件。

此外，通过设置参数 stage 和 stop_stage，可以选择执行所有操作或仅执行部分操作。不同的 stage 和 stop_stage 取值将具有不同的功能，具体说明如下所示。

当取值为 1 时是阶段 1，准备数据集。执行 local/prepare_data.sh 文件来准备数据集，具体包括下载、解压和预处理数据。执行时仅执行 prepare_data 的阶段 2 到阶段 4 的数据准备部分。

当取值为 2 时是阶段 2，进行数据转换。将训练和测试数据转换为指定格式（shard 或 raw）。使用 Python 脚本 tools/make_shard_list.py（shard 格式时）或 tools/make_raw_list.py（raw 格式时）生成数据列表。将 musan 和 rirs 数据转换为 LMDB 格式。

当取值为 3 时是阶段 3，进行模型的训练。使用 PyTorch 训练工具 torchrun 启动训练。配置文件和数据路径通过参数传递给训练脚本 wespeaker/bin/train.py。

当取值为 4 时是阶段 4，完成模型平均。进行模型平均是将多个模型检查点平均化，生成一个平均模型。使用 wespeaker/bin/average_model.py 完成模型平均。如果配置文件中包含 repvgg，则转换模型格式。

当取值为 5 时是阶段 5，提取嵌入。从训练好的模型中提取嵌入（特征向量）。执行 local/extract_vox.sh 脚本，提取嵌入并保存到指定目录。

当取值为 6 时是阶段 6，打分。执行 local/score.sh 脚本，计算模型在测试集上的分数，执行 score.sh 的阶段 1 到阶段 2。

当取值为 7 时是阶段 7，分数归一化。执行 local/score_norm.sh 脚本，对分数进行归一化处理。使用指定的方法（如 asnorm 或 snorm）进行归一化。

当取值为 8 时是阶段 8，分数校准。执行 local/score_calibration.sh 脚本，对模型分数进行校准。使用指定的校准试验文件进行校准。

当取值为 9 时是阶段 9，导出最佳模型。使用 wespeaker/bin/export_jit.py 脚本将最佳模型导出为可部署格式。这里默认导出格式为 .jit 的 PyTorch 模型文件。

当取值为 10 时是阶段 10，大边距微调。执行大边距微调训练能够进一步优化模型性能。使用预训练的平均模型初始化微调训练，执行 run.sh 脚本的阶段 3 到阶段 8。

设置好适当参数后，通过执行 run.sh 脚本，我们可以完成从数据准备到模型训练和优化的完整流程。通过这个脚本就可以涵盖包括数据准备、数据格式转换、模型训练、模型平均、评分计算、评分归一化、评分校准、模型导出和大边距微调等多个阶段。每个阶段都对应着具体的任务，从下载和处理原始音频数据到训练深度学习模型，再到最终的模型优化和导出。这些阶段的执行确保了整个流程的顺利进行，最终得到一个高性能的声纹识别模型。

9.3.2　基于声纹特征模型的声纹对比程序

在声纹识别系统中，声纹对比是关键步骤之一，它决定了系统区分不同说话者的能力。直接从 VoxCeleb 等大规模数据集中训练出一个优秀模型是非常困难的，因为这不仅需要大量的数据，还需要非常多的计算资源和训练时间。

VoxCeleb 数据集包含成千上万小时的音频数据，处理这些数据需要强大的存储和计算能力。要在这种规模的数据集上训练一个深度学习模型，尤其是像 ResNet34 这样的复杂模型，可能需要很长时间以及很高算力的支持。这对于个人开发者或资源有限的团队来说都是很大的挑战。

为了实现高效的声纹对比，我们通常采用预训练模型。预训练模型已经在大规模数据集上进行了充分训练，具备较高的特征提取和分类能力，能够显著减少训练时间和计算资源，同时提高模型的泛化能力。在声纹识别任务中，预训练模型能够提供更准确和稳定的特征表示，使得后续的声纹对比更加可靠。这次我们使用经过充分预训练的 ResNet34 模型"wespeaker/wespeaker-voxceleb-resnet34-LM"用于声纹特征的提取和对比。这是一个开放神经网络交换（open neural network exchange，ONNX）格式的模型，该格式支持多个框架之间的模型互操作性，使模型的部署和集成更加方便。下载完成后，应将模型文件存放在项目中合适的位置，并在代码中指定路径，以便正常加载和使用该模型。

下面通过图 9-3 中的代码详细讲解声纹对比程序的实现过程。首先是导入必要的库，包括 onnxruntime、torch、torchaudio 和 scipy 等。然后定义一个函数 compute_fbank，采用 9.2.3 节中的程序计算 FBank 特征和进行倒谱均值归一化（CMN）。

```python
import onnxruntime as ort
import torch
import torchaudio
import torchaudio.compliance.kaldi as kaldi
from sklearn.metrics.pairwise import cosine_similarity

def compute_fbank(wav_path, …

def embedding(model_path,wav_path):
    so = ort.SessionOptions()
    so.inter_op_num_threads = 1
    so.intra_op_num_threads = 1
    session = ort.InferenceSession(model_path, sess_options=so)
    feats = compute_fbank(wav_path)
    feats = feats.unsqueeze(0).numpy()  # add batch dimension
    embedding = session.run(output_names=['embs'],
                            input_feed={'feats': feats})[0]
    return embedding

if __name__=="__main__":
    model_path='ResNet34_LM.onnx'
    wav_path='1.wav'
    embedding_1=embedding(model_path,wav_path)
    wav_path='2.wav'
    embedding_2=embedding(model_path,wav_path)
    distance_sim = cosine_similarity(embedding_1, embedding_2)[0][0]
    print(distance_sim)
```

图 9-3　基于 ResNet34 特征模型的声纹对比程序

接下来如图 9-3 所示是定义一个函数 embedding，用于从 ONNX 模型中提取声纹嵌入向量。该函数加载 ONNX 模型，计算音频文件的 FBank 特征，并将特征输入到模型之中以获得嵌入向量。最后在主程序中，我们使用上述函数对两个音频文件进行处理，提取其声纹嵌入向量，并通过 cosine_similarity 计算余弦相似度来判断它们是否来自同一个说话者。

在这个示例中，我们使用了一个预训练的 ResNet34 模型来提取声纹嵌入向量。通过计算两个嵌入向量之间的余弦相似度，可以判断两个音频是否属于同一个说话者。整个过程包括音频加载、特征提取、嵌入计算和相似度计算，体现了预训练模型和 ONNX 格式在声纹识别中的应用。通过这种方式，我们可以了解如何使用 ONNX 预训练模型进行声纹对比，并实现了一个简单的声纹对比。

9.3.3　开发声纹识别系统的界面

设计开发出一个直观且易于使用的用户界面对于声纹识别系统来说也是至关重要的，其能够显著提升用户体验，使得系统更加友好和便于操作。通过图形用户界面（GUI），用户可以轻松选择音频文件、启动声纹对比过程并查看识别结果，而无需直接与底层代码交互。

下面如图 9-4 所示，介绍一个简单的声纹识别系统界面，主要包括文件选择和用户查询这两个功能。

图9-4　声纹识别系统界面

可以使用 customtkinter 库来创建一个用户界面。首先需要导入相关的库，包括 onnxruntime、torch、torchaudio 和 sklearn，还需要设置一些必要的参数和会话选项。此外，我们要设置一些基本信息，具体内容如图 9-5 所示。

在图 9-5 的代码中，我们首先设置 dataset_path 来存储用户的声音文件。为了保护用户安全，声音文件以序号的形式命名，如"1.wav""2.wav"等，因此图 9-5 的第一行代码中 dataset 用来存储序号和用户姓名的对应关系。

```
dataset = {"1": "han meimei", "2": "li lei"}
dataset_path = "./dataset"

model_path='voxceleb_resnet34_LM.onnx'
so = ort.SessionOptions()
so.inter_op_num_threads = 1
so.intra_op_num_threads = 1
session = ort.InferenceSession(model_path, sess_options=so)

def cal_embedding(wav_path):
    feats = compute_fbank(wav_path)
    feats = feats.unsqueeze(0).numpy()  # add batch dimension
    embedding = session.run(output_names=['embs'],
                            input_feed={'feats': feats})[0]
```

图 9-5   声纹识别系统基本信息设置代码

此外与前面稍有不同的是，模型路径和会话选项在 cal_embedding 函数外部定义而不是在函数内部，这样做的主要目的是提升系统的效率和资源管理能力。首先，在函数外部定义会话对象可以避免每次调用 cal_embedding 函数时都重新加载模型和创建会话，这样可以显著减少函数调用的时间，提高系统的运行效率。这是因为加载模型和创建会话是一个相对耗时的操作，通过在外部定义就可以确保这些资源密集型操作只执行一次，而不是在每次函数调用时都需要重复执行。此外，通过在外部定义会话对象可以更好地管理资源。会话对象通常占用较多的内存和计算资源，在外部定义可以确保在整个应用生命周期内只创建一个会话实例，避免资源浪费。这种做法不仅优化了系统性能，还使得代码更加简洁和模块化，便于后续的维护和扩展。因此，将模型路径和会话选项在外部定义是一种优化代码性能和资源管理的常见实践，有助于提升系统的整体效率和代码质量。

接下来为了实现文件选择的功能，我们设计的 select 函数代码如图 9-6 所示。在这段代码中同时设置了对比阈值 distance 为 0.7，如果相似度超过这个阈值则对比成功，否则对比失败。同时程序也限定了选择文件的范围 filetypes 为 wav 格式的音频。在选择适当格式文件后，这个 select 函数会计算并嵌入模型对声纹特征的提取结果。

```
def select():
    try:
        global input_embedding, distance, name
        distance = 0.7
        name = "unkown"
        textbox.delete(0.0, "end")
        textbox1.delete(0.0, "end")
        label3.configure(text="0%")
        progressbar.set(0)
        app.filename = filedialog.askopenfilename(
            initialdir="C:/audios",
            title="select a file",
            filetypes=(("wav files", "*.wav"), ("wav files", "*.wav")),
        )
        textbox.insert(0.0, app.filename)
        input_embedding = cal_embedding(app.filename)
    except:
        textbox.insert(0.0, "please select an audio")
```

图 9-6   声纹识别系统的文件选择代码

最后如图 9-7 所示为用户查询函数 search，该函数会首先获取 dataset 变量的长度（也就是用户数量）并赋值给 num，然后输入音频的声纹特征并与用户的声纹特征逐个对比，选择相似度大于阈值且相似度最高的用户作为结果。

```
def search():
    global distance, name
    num = len(dataset)
    for i in range(num):
        percent = (i + 1) / num
        target_embedding = cal_embedding(
            os.path.join(dataset_path, f"{i+1}.wav")
        )
        distance_sim = cosine_similarity(input_embedding, target_embedding)[0][0]
        if round(distance_sim, 4) <= distance:
            distance = round(distance_sim, 4)
            name = dataset[f"{i+1}"]
        progressbar.set(percent)
        label3.configure(text=f"{int(percent*100)}%")
        label3.update()

    textbox1.insert("end", "\n the speake is : " + name)
```

图 9-7　声纹识别系统用户查询代码

声纹识别系统的运行效果如图 9-8 所示，最终选择相似度大于阈值且相似度最高的用户 han meimei 作为结果。

图 9-8　声纹识别系统的运行效果

9.4　本章小结与练习

本章介绍了基于 wespeaker 的声纹识别技术的基本原理、主要技术细节及其应用案例。详细探讨了 wespeaker 框架的功能和特点，分析了基于 wespeaker 的声纹识别技术中的几个要点及其代码实现，最后通过讲解一个声纹识别系统的开发和优化案例，进一步展示了基于 wespeaker 的声纹识别技术在实际应用中的效果和优势。

声纹识别技术不仅是身份认证的一种创新方式，也是信息安全的重要保障。通过学习本章内容，可以全面了解声纹识别技术的发展现状和未来趋势，并掌握如何利用 wespeaker 进行高效的声纹识别系统开发。

本章练习

1. 简述声纹识别技术。
2. 简述 wespeaker 框架的特点与优势。
3. 简述 VoxCeleb 数据集的结构及其特点。
4. 简述梅尔频率倒谱系数（MFCC）和滤波器组特征 filter bank。
5. 实践本章的基于 wespeaker 的声纹识别系统的开发。

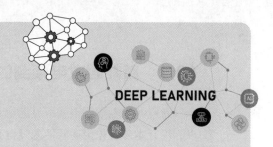

DEEP LEARNING

第 10 章
深度学习在新能源发电预测领域中的应用

学习
目标

- **了解：** 新能源发电的概念、发展历史、特点及其挑战。
- **掌握：** 应用于新能源发电预测的深度学习模型的特点及其应用场景。
- **理解：** 基于深度学习模型的新能源发电预测流程及提高模型预测精度的方法。
- **分析：** 以风力和光伏发电预测为例，分析新能源发电预测的步骤及其所需的技术。

　　新能源发电技术涵盖了使用太阳能、风能、水能、生物质能和地热能等多种可再生能源的方法，这些技术不仅能将可再生能源有效地转换为电能，还可以减少对传统化石燃料的依赖和减轻环境污染，推动全球产业向更可持续的方向发展。

　　其实这些可再生的能源形式也面临着诸多挑战，例如新能源发电的稳定性和可控性仍有待提高，其输出功率也存在不稳定性和间歇性。主要原因是利用太阳能和风能等能源进行发电的效率和发电量深受自然条件的影响，如风速、风向以及光照强度等。

　　这些问题导致了发电量数据呈现出剧烈的波动性。而这种数据波动不仅对电网的稳定运行构成挑战，还增加了电力并网时的调频压力。本章将建立能够准确预测新能源（针对的是利用太阳能的光伏发电和利用风能的风力发电）发电功率的深度学习模型，希望通过对发电进行预测来有效减轻新能源的并网难度。

10.1 新能源发电预测的基础知识

新能源发电预测很大程度上决定了新能源发电技术能否被安全、稳定地加以利用。本节首先论述新能源发电预测的一些基础知识。

10.1.1 新能源发电技术及其发展与挑战

新能源发电的主要形式包括太阳能光伏发电、风力发电、水力发电等。此外，将有机物质转换成能量的生物质发电，以及利用地球内部热能的地热发电，也是新能源发电技术的重要组成部分。这些技术不仅有助于改善日益严重的环境污染问题，还能增强能源结构的安全性与经济性。当前，可开发的新能源发电种类如图 10-1 所示。

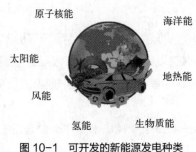

原子核能　　　海洋能

太阳能　　　地热能

风能

氢能　　生物质能

图 10-1　可开发的新能源发电种类

新能源发电的核心在于利用可再生能源或清洁能源（如太阳能、风能、水能、生物能等）来产生电力，因此具有可再生性和清洁性的显著特点。这些资源在自然界中是无限循环的，不仅在使用过程中资源不会耗尽，还可以持续不断地利用。

相较于传统能源，新能源在发电过程中几乎很少甚至不排放有害气体或污染物，对环境的影响较小，显著降低了对空气质量和气候变化的不利影响。此外，新能源资源分布的广泛性也意味着几乎所有地区都能够利用某种形式的新能源进行发电，这极大程度增加了新能源应用的灵活性和可达性。

将这些技术和资源的优势结合起来，使得新能源发电不仅助于于提升能源结构的可持续性，还促进了全球能源的清洁和高效使用，为环境保护和经济发展提供了重要支撑。其中，光伏与风力发电技术运用最为广泛。

（1）光伏（太阳能）发电

光伏发电在很多国家的发电量占比中正在逐步提高[1]。通过各国多年的努力，太阳能发电取得了长足的发展。截至 2022 年底，中国的累计装机容量已居世界首位。但是随着光伏发电的大力发展，在用电、发电、电价和调度等方面逐渐出现了一些问题。为了应对上述问题，需要能够根据某一区域的天气变化情况和地理条件等对这一区域未来一段时间的光伏发电功率进行预测，以此作为解决电网调度和电价问题的理论支撑。这种预测就是本章后面将要解决的问题。

（2）风力（风能）发电

风力发电也是新能源发电领域中不可或缺的一部分，其独特之处在于能够有效地利用风能这一自然资源，从而实现清洁、可持续的电力生产。风力发电的基本原理是通过风车叶片捕捉风能，将其转化为机械能进而通过发电机将机械能转化为电能。这一过程不仅环保，而且具有极高的能源利用效率。我国的风能资源极其丰富，因此开发风能发电意义重大。

随着能源结构的转型，新能源发电，尤其是风力与光伏发电，在全球能源布局中的地位逐渐凸显。然而，这种可再生的能源形式也面临着诸多挑战，例如新能源发电的稳定性和可控性仍有待提高，其输出功率也存在不稳定性和间歇性。

产生这种情况的主要原因是新能源发电深受自然条件的影响，如风速、风向以及光照强度等。这种对天气的依赖性导致了新能源发电的不稳定性和间歇性。特别是在阴雨天气或夜晚，太阳能发电的效率会大幅下降，甚至可能无法产生电力。而风力发电作为将风能转化为电能的不可逆过程，其本身的随机性和波动性也为稳定供电带来了难题。

由于上述新能源发电对自然条件的直接依赖关系，其发电量数据呈现出剧烈的波动性。这种数据波动不仅对电网的稳定运行构成挑战，还增加了电力并网时的调频压力。如果能准确预测新能源发电功率，那么就能够较大地减轻新能源的并网难度，这就是本章将要解决的问题。

10.1.2　构建基于深度学习的新能源功率预测模型

在现实生活中，时间序列数据的观测与分析在多个关键领域扮演着至关重要的角色，这些领域包括但不限于农业、商业、气象、军事以及医疗等。时间序列数据指的是基于特定序列的历史数据记录以及可能对该序列未来走势产生影响的其他相关序列，而时间序列数据预测是对序列未来的潜在值进行较高精确度估计（预测）的过程。

新能源功率预测正是时间序列数据预测的一个典型应用实例，本章内容涵盖了风电功率预测和光伏功率预测这两个方面，其核心在于构建能够准确反映风速或光照强度与新能源输出功率之间非线性关系或功率变化趋势的预测模型。

通过深度学习和机器学习技术，这些模型能够充分利用处理的历史数据、天气数据以及其他相关信息进行高效且准确的训练。最终，训练后的模型能够实现对多尺度新能源未来输出情况的全面感知和精准预测，为能源调度、电力系统优化及能源政策制定提供强有力的支持[3]。图 10-2 为新能源发电预测的完整流程。

图 10-2　新能源发电预测流程

（1）数据采集

数据采集是新能源发电预测中至关重要的一个环节。为了精确预测太阳能或风能发电站未来的发电能力，必须准确获取当前的天气状况、设备运行状态以及历史发电数据等关键信息。这些信息共同构成了新能源发电预测的数据采集基础，为预测模型提供了必要且可靠的输入数据，以确保预测结果的准确性和可靠性。

数据采集通常涉及多个方面，其中气象数据是不可或缺的一部分。为了准确预测新能源发电能力，需要知道风速、风向、温度、湿度、气压等气象信息。当然，在预测不同类型的新能源发电时，需要采集的信息也会有所不同，在后面会分别介绍风电及光伏预测所需要采集的数据。这些信息可以通过安装在发电站附近的气象站进行实时采集，气象站中包含了各种传感器，例如风速风向传感器、温湿度传感器等，它们能够实时地将气象数据发送给数据处理中心。

除了气象数据，设备状态数据也是非常重要的。在风力发电站中，需要知道每台风机的实时运行状态，比如转速、功率输出等。同样在太阳能发电站中，需要知道每块太阳能电池板的发电效率、温度等信息。这些数据可以通过安装在设备上的传感器进行采集，并通过无线网关或数据采集器传输给数据处理中心。

此外，历史发电数据也是新能源发电预测的重要依据。通过收集过去的发电数据，可以分析出天气和设备状态对发电能力的影响规律，从而更准确地预测未来的发电能力。这些数据通常存储在发电站的数据库中，可以通过特定的数据接口进行访问和获取。

（2）数据预处理与特征提取

在数据采集过程中，数据的准确性和实时性是非常重要的。准确的数据能够确保预测结果的可靠性，而实时的数据则能够使管理者及时了解当前的天气和设备状态，从而做出相应的调整和优化。但实现过程中存在各种各样的干扰，这会导致采集到的数据出现异常值，从而对接下来的预测模型训练造成较大的影响。

因此在将历史数据输入预测模型进行训练前，需要先对原始数据进行数据预处理。常见的数据预处理方法如表 10-1 所示。

表10-1　常见的数据预处理方法

内容	说明
数据清理	通过填补缺失值、光滑噪声数据、平滑或删除离群点并解决数据的不一致性来"清理"数据。主要是通过统计量填充、噪声处理、绝对离差中位数（MAD）统计等方法实现
数据集成	数据分析任务多半将涉及数据集成。数据集成是将多个数据源中的数据结合、存放在一个一致的数据存储（如数据仓库）中，以便于后续服务器提取数据进行预测。这些数据源可能包括多个数据库或一般文件
数据规约	数据规约技术可以用来得到数据集的规约表示，它小得多但仍能够非常接近地保持原数据的完整性。因此在规约后的数据集上进行挖掘将更有效，可以产生相同（或几乎相同）的分析结果。一般有维度规约、维度变换等方法
数据变换	数据变换包括对数据进行规范化、离散化、稀疏化处理，达到适用于挖掘的目的。包括最大 - 最小规范化、Z-Score 标准化、离散化等处理方式

我们知道，数据的质量直接决定了模型的预测和泛化能力的好坏，也将影响到后续的特征提取。在研究新能源发电预测时会有很多关于风速、温度、设备状态等方面的数据，但并不是所有的数据都对预测结果有同样重要的影响。有些数据可能只是"噪声"，它们对预测结果帮助不大，甚至有可能会严重影响到预测的精度。因此，特征提取这一步就是从获得的所有这些数据中找出那

些真正对预测结果有重要影响的"关键数据"。

特征提取的方法有很多，比如通过统计特征、频域特征、时域特征等进行提取。这些方法就像是手中不同型号的"筛子"，可以筛选出不同的"关键数据"。例如统计特征就是从数据中提取出一些数值描述（如平均值、方差等），这些数值可以体现数据的整体属性。而频域特征则是通过对数据进行一些变换（如傅里叶变换）来观察数据的频率分布，从而找出其中的规律。目前常见的特征提取方式分为降维（由高维降低到低维）和相关性分析两类，如图 10-3 所示。

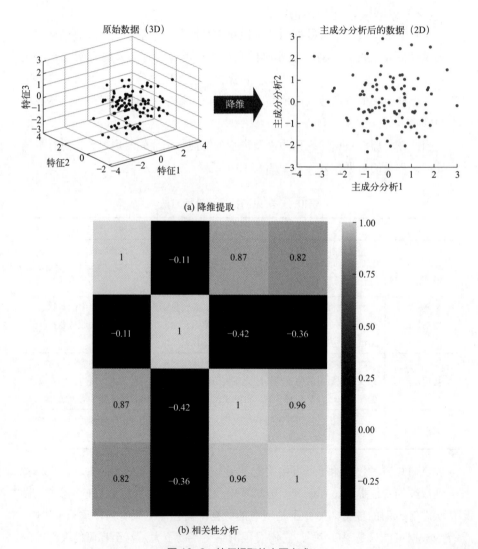

(a) 降维提取

(b) 相关性分析

图 10-3　特征提取的主要方式

如图 10-3 所示，降维类特征提取方式（例如将 3 维的原始数据特征降低到 2 维的主要成分特征）既可以减少需要分析的指标数量，又能够有效降低原指标所包含信息的损失，以达到对所收集数据进行全面分析的目的。这是因为原始数据各变量之间通常存在一定的相关关系，降维就是要将这些关系紧密的变量变成尽可能少的新变量，使这些新变量是两两互不相关的，这样就可以用较少的综合指标分别代表存在于各个变量中的各类信息。常见的降维方法有主成分分析法、线性判别分析法等。

在特征提取中，也常常利用相关性分析来识别哪些特征与预测目标紧密相关。这些相关的特征可以更准确地理解数据以便构建更有效的模型。同时，相关性分析还能识别并消除那些冗余的线索，也就是那些与其他线索高度相关但本身不提供额外信息的特征。常见的相关性分析方法有皮尔逊相关系数、斯皮尔曼秩相关系数等。

（3）模型训练

目前通常采用长短时记忆（long short-term memory，LSTM）网络来预测时间序列数据，它是一种特殊的循环神经网络（recurrent neural networks，RNN），旨在解决传统 RNN 在处理长序列数据时遇到的梯度消失和梯度爆炸问题。

LSTM 网络（如图 10-4 所示）是一种非常特别的神经网络，它像人的大脑一样能够记住过去的信息，并用来影响现在的决策。不过 LSTM 记住的是数据中的模式和规律。那么 LSTM 是如何做到这一点的呢？其实它有一个特殊的"门"机制。这些"门"就像是控制信息流通的开关，可以决定哪些信息被保留下来，也可以决定哪些信息应该被忘记。具体而言，LSTM 有如下所示的三种"门"。

① 遗忘门：负责决定要忘记哪些过去的信息。如果某个信息对于理解后面的内容不再重要，那么遗忘门就会选择忘记它。

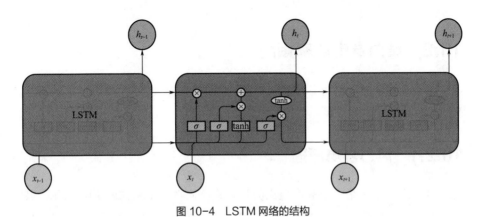

图 10-4　LSTM 网络的结构

② 输入门：负责决定要保留哪些新的信息。当 LSTM 读取新的数据时，输入门会判断这些数据是否重要并决定是否将它们保存到记忆中。

③ 输出门：负责决定要输出哪些信息。当 LSTM 需要基于之前的记忆来做出决策时，输出门会有选择性地输出相关的信息。

在训练 LSTM 模型时，一般会将历史数据分为训练集与验证集，其比例大约在 8∶2。LSTM 模型的训练方法与其他深度学习模型相同，这在前面的章节已经介绍过。LSTM 时间序列预测可以分为单步预测与多步预测。其中单步预测是指根据过去的观测值来预测下一个时间步的值，然后将预测值作为新的输入数据并再次进行预测，如此迭代多次以获得多个时间步的预测值。而多步预测是在 LSTM 模型中直接输出多个时间步的预测值，这通常需要将模型的输出层设计为与要预测的时间步数相匹配。例如，如果要预测未来 5 个时间步的值，那么要将输出层也设计为具有 5 个神经元的全连接层。

多步预测通常比单步预测更具挑战性，因为需要考虑到更多的不确定性和复杂性。因此，在构建 LSTM 多步预测模型时，可能需要采用更复杂的模型结构和训练策略来提高预测精度。在下一节风力发电预测的实际应用中将详细讲解模型结构的改进方法。

（4）模型评估

通常选取决定系数（R^2）、均方误差（MSE）和均方根误差（RMSE）作为评估指标来对预测模型进行评估。当 R^2 越接近 1 时，表明模型的预测值与真实值之间的拟合效果越优，即模型能够更好地捕捉数据的趋势和模式。MSE 提供了预测误差的总量度，其中较小的 MSE 值表示预测更精确，而 MSE 越接近于 0 则表明预测误差越小，即模型预测值更接近真实值。RMSE 的单位与真实值的单位相同，这使得它更容易解释。与 MSE 类似，RMSE 值越小则表示预测误差越小。

10.2 风力发电功率预测

本节介绍风力发电功率预测的内容。首先整理出风力发电的原理，然后构建一个风力发电功率预测模型。

10.2.1 风力发电原理

风力发电系统是一个高度集成的复杂系统，主要结构如图 10-5 所示。其核心组成部分包括风车叶片（风轮）、齿轮箱、发电机和塔筒等。风轮是捕捉风能的关键部件，其设计和制造质量直接影响到风力发电的性能和效率。齿轮箱则起到传递和放大机械能的作用，将风车叶片旋转产生的动力传递给发电机。发电机是风力发电系统的"心脏"，负责将机械能最终转化为电能。而塔筒和地基则起到支撑和固定整个风力发电系统的作用，确保其稳定运行。

风力发电主要结构 {
　风轮
　偏航系统
　变桨系统
　齿轮箱
　电气系统
　发电机
　控制系统
　塔架和地基
}

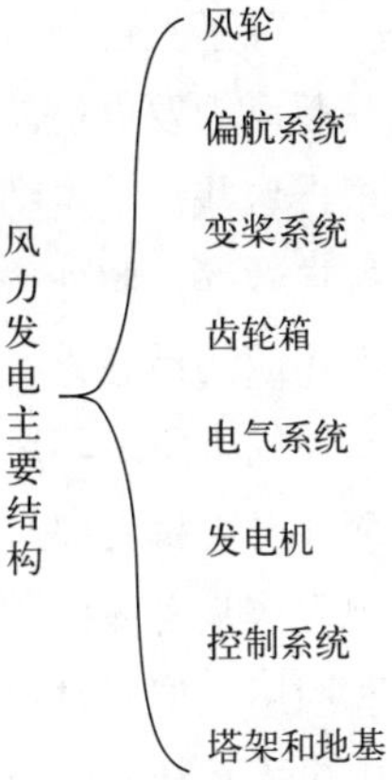

图 10-5　风力发电系统的主要结构

　　风力发电是将风能转换为电能的过程。首先，风力发电机的叶片（也称为风车叶片）捕捉到风的动能。当风吹向叶片时，由于叶片的特殊形状和角度，风会在叶片上产生升力和阻力，从而推动叶片旋转。叶片的旋转速度取决于风速和叶片的设计。

　　叶片的旋转通过轴传递给风力发电机内部的转子。转子是由多个永磁体组成的，当转子旋转时会在发电机内部的定子线圈中感应出一个变化的磁场。这个变化的磁场会在定子线圈中产生电流，即感应电动势。这就是电磁感应的基本原理，也是风力发电机产生电能的关键步骤。

　　产生的电流是交流电（AC），其电压和频率取决于转子的转速和发电机的设计。为了将产生的电能输送到电网中，通常需要将交流电转换为直流电（DC），然后再将其转换为与电网电压和频率相匹配的交流电。这个过程通常由风力发电机内部的整流器和逆变器完成。图 10-6 是风力发电机的内部结构。

图 10-6　风力发电机的内部结构

除了上述硬件设备外，控制系统也是风力发电机的重要组成，用于监控和调整风力发电机的运行。控制系统可以监测风速、风向、温度等环境参数，并根据这些参数自动调整叶片的角度和转速，最终获得最大化的风能捕获效率和发电效率。此外，控制系统还可以监测发电机的运行状态，并在出现故障时采取相应的措施。

综上所述，风力发电的原理就是利用风能推动叶片旋转，然后通过电磁感应在发电机内部产生电能并通过控制系统对发电过程进行监控和调整。这种发电方式具有环保、可再生和可持续等优点，因此在全球范围内得到了广泛推广和应用。但同时也要看到这种结构使得风力发电受环境干扰较大，无法稳定地给电力系统提供电力。因此，对风力发电功率进行预测并根据预测结果进行相应的处理是非常必要的。

10.2.2　构建风力发电功率预测模型

在 10.1.2 节中已经介绍过 LSTM 模型预测时间序列的具体流程，然而风力发电具有明显的间歇性与波动性，而且极易受到外界环境的干扰，因此简单的 LSTM 模型难以挖掘风力发电的历史规律，所以在实际应用中通常会对 LSTM 进行改进。下面介绍法国 La Haute 风电场发电功率预测的应用实例。

（1）基于 T- 分布随机邻域嵌入（T-SNE）的数据降维方法

在风电功率预测过程中，通常选取与风电功率相关的特征因素作为预测模型的输入特征，本节采用法国 La Haute 风电场开源的温度、湿度、风速等信息作为预测模型的输入特征。输入特征过多会增加预测模型的计算复杂度，同时也可能会出现维度灾难问题。

常见的 PCA、LCA 属于线性降维方法，而风电功率相关特征一般较为复杂并且呈非线性关系，因此属于非线性降维方法的 T-SNE 更适用于处理复杂度高、异常值多、非线性强的输入特征数据。

本节采用 T-SNE 方法对输入特征数据进行降维处理。T-SNE 通过定义高维空间中数据点之间的相似度概率分布和低维空间中数据点之间的相似度概率分布来实现降维 [4]。它通过最小化这两个概率分布之间的差异，使得在高维空间中相似的数据点在低维空间中仍然保持相似性。图 10-7 显示了 T-SNE 的降维效果。

（2）LSTM 模型的优化改进

即使是 LSTM 这样的循环神经网络，在处理复杂长序列时也存在一些挑战，比如长期依赖性问题和信息丢失问题。这意味着在处理长序列时，模型可能会遗忘早期的输入信息或者无法有效地捕捉到不同时间步之间的长期依赖关系。例如当采用 LSTM 预测 t+1 时刻的风电功率时，前 n 个时刻的预测值对当前预测值的影响程度一样。然而真实情况是不同时刻的预测信息对当前预测的影响程度是不相同的，但 LSTM 未能考虑这一问题，致使降低了 LSTM 的预测性能。

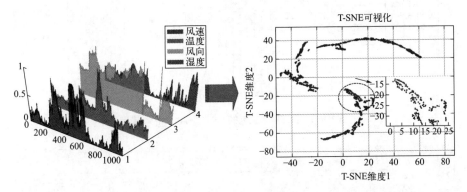

图 10-7　T-SNE 的降维效果

　　为了解决这些问题，引入注意力机制是一种常见的方法。注意力机制允许模型在每个时间步都能动态地关注输入序列中的不同部分，从而更加灵活地处理长序列。通过给予不同时间步的输入不同的权重，注意力机制可以使模型更加集中地关注对当前预测最有帮助的那些信息，而不是均匀地对待所有的时间步。

　　如上所述，在风电序列数据之中的关键信息可能并不是均匀地分布在整个序列内，而是集中在某些局部。例如在自然语言处理中，一个句子中的关键词可能对整个句子的意义起到决定性的作用。如果模型能够在处理序列数据时自动学习到这些关键信息的权重，就可以更好地捕捉到序列中的重要模式。而注意力机制允许模型动态地给不同位置的输入赋予不同的权重，这就使得模型能够更加灵活地关注到关键信息。

　　将注意力机制与 LSTM 结合，形成的 LSTM-Attention 模型可以在处理长序列数据时更加灵活和准确。注意力机制使得模型能够自适应地学习到输入序列中哪些部分对于当前的预测任务更加重要，从而提高了模型的表现力和泛化能力 [5]。LSTM-Attention 模型的具体结构如图 10-8 所示。

　　由于 LSTM 对超参数（如训练次数、学习率、隐藏层数等）较为敏感，在不同的超参数下 LSTM 模型的预测效果也有所不同，因此需要使用在前面章节提到过的优化算法来寻找深度学习模型的超参数。图 10-9 给出了风电预测模型的训练流程。

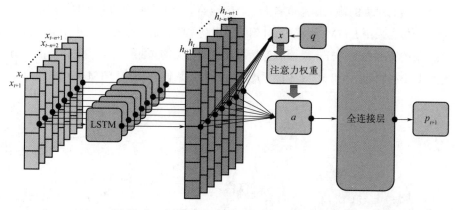

图 10-8　含注意力机制的 LSTM-Attention 模型

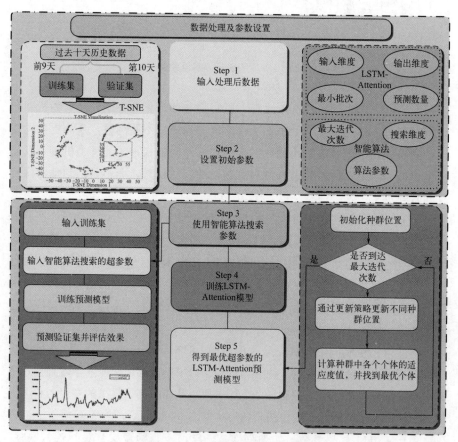

图 10-9　风电预测模型的训练流程

（3）实际预测结果

现在使用训练好的 LSTM-Attention 模型对法国 La Haute 风电场四个季节

的数据进行预测，预测结果如图 10-10 所示。

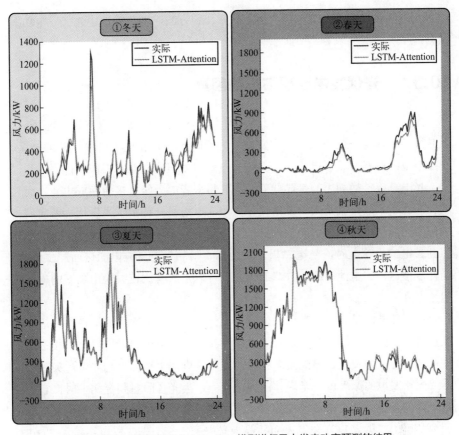

图 10-10　使用 LSTM-Attention 模型进行风力发电功率预测的结果

由图 10-10 可知，LSTM-Attention 模型的预测曲线可以精确反映实际风电功率波动的趋势，在不同季节 LSTM-Attention 都有着不错的预测精确度。表 10-2 是风力发电功率预测的评估结果。

表10-2　使用LSTM-Attention预测的评估结果

月份	评价指标		
	R^2/%	MSE	RMSE
1 月	91	28	63
4 月	98	9	36
7 月	98	24	59
11 月	95	168	153

10.3　光伏发电功率预测

上一节介绍了风力发电功率预测的原理和方法，本节将论述光伏发电功率预测。

10.3.1　光伏发电原理与影响因素

光伏发电主要基于太阳光照在半导体 P-N 结上形成新的空穴与电子对，在 P-N 结内建电场的作用下，空穴由 P 区流向 N 区，而电子由 N 区流向 P 区，在接通电路后就形成了电流。这就是光电效应太阳能电池的工作原理。

光电直接转换利用的是光伏效应，它将太阳的光能直接转换成电能，而光电转换的基本装置就是太阳能电池。太阳能电池是一种由于光生伏特效应而将太阳的光能直接转化为电能的器件，主体是一个半导体光电二极管。当太阳光照到光电二极管上时，光电二极管就会把太阳的光能变成电能进而产生电流。当许多个这样的电池串联或并联起来后就可以形成有比较大输出功率的太阳能电池方阵了。

太阳能电池是一种大有前途的新型电源，具有永久性、清洁性和灵活性三大优点。太阳能电池寿命长，只要太阳存在，太阳能电池就可以一次投资而长期使用。与火力发电、核能发电相比，太阳能电池更不会引起环境污染。

光伏发电的原理就是半导体的光电效应。当光子照射到金属上时，它的能量可以被金属中某个电子全部吸收。而当电子吸收的能量足够大时就能克服金属内部引力，做功离开金属表面并成为光电子。一个光伏发电系统如图 10-11 所示。

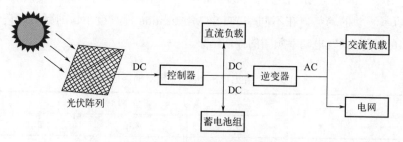

图 10-11　光伏发电系统结构图

我们知道硅原子有 4 个外层电子，如果在纯硅中掺入有 5 个外层电子的原子如磷原子，就可以成为 N 型半导体。如果在纯硅中掺入有 3 个外层电子的原子如硼原子，那么就形成 P 型半导体。当 P 型和 N 型结合在一起时在接触面就会形成电势差，进而成为太阳能电池。

光照强度是影响光伏发电系统发电效率的关键因素之一。如果是在低温和低光照的条件下，光伏发电系统的效率也会受到限制。而较高的光照强度可以提高光伏电池的电流输出，从而使系统的发电效率更高。因此，在选择安装光伏发电系统时需要考虑光照的强度和光线的稳定性。但是过度高温将对光伏发电产生以下这些不好的影响。

① 导致光伏电池效率下降。光伏电池的最佳工作温度一般是在 25℃ 左右，当温度超过该温度时光伏电池的效率会降低。这是因为温度的升高会导致光伏电池的电压下降，进而影响系统的输出电压和电流。此外，温度的升高还会增加半导体内部的热激活载流子，这些额外的载流子增加了复合的机会，从而减少了有效产生电流的载流子数量。

② 光伏组件输出功率下降。当温度升高时，光伏组件的输出功率会下降。光伏组件的峰值功率温度系数一般是在 $-0.35 \sim 0.50\%/℃$ 之间，即温度升高时光伏组件的发电量会降低。例如晶硅太阳能电池在温度为 20℃ 左右的时候其输出功率要比 70℃ 的时候高大约 20%。

③ 缩短逆变器核心部件的使用寿命。在光伏系统中，逆变器也是非常怕热的。高温会加速逆变器核心部件的老化过程，从而缩短其使用寿命。

④ 形成的热斑效应影响组件寿命。局部温度过高产生的热斑将影响光伏组件的寿命。

⑤ 高温将导致电阻增加。随着温度的升高，光伏电池和电路的电阻通常会增加，这会降低电流的流动性能，从而降低整个系统的效率。需要指出的是，低温虽然能够降低光伏电池的内部电阻，但也会减少光伏电池的电流输出。

湿度同样对光伏发电的发电量有显著影响，以下是一些主要的影响方面。

① 吸收和散射。太阳辐射穿过大气层时会受到大气中水蒸气和气体的吸收与散射。这种散射和吸收过程会消耗光子的能量，进而影响光伏发电的效率。

② 光伏组件的清洁度。湿度的增加也会影响光伏组件的清洁度。高温高湿的环境容易导致光伏组件表面积聚尘埃、污垢等杂质，这会增加光伏组件的散光率，也会降低光的透过率，进而减少光的吸收并影响发电效果。因此，保持光伏组件的清洁度非常重要，只有这样才能有效提高光伏发电的效率。

③ 光伏组件的安全性。湿度的变化还会对光伏组件的安全性产生影响。高湿度低温环境容易导致光伏组件表面结霜，而当霜融化时水滴会阻挡光线的透过，从而影响发电效率。如果长期处于高湿度环境下，光伏组件表面可能会被损坏，不仅会影响系统的发电效率更将减少设备的使用寿命。

10.3.2　构建光伏发电功率预测模型

在前文中提到了光伏功率输出受气象条件的直接影响，因此仅依据历史光伏功率数据难以全面捕捉这种动态变化的信息。相较于单纯依赖历史光伏功率数据，本节选用与光伏功率密切相关的三种气象因素序列作为预测模型的输入，即全球水平辐射、温度和湿度。

对于预测模型，尽管 LSTM 因其非线性特性能处理复杂序列信息，但在隐藏状态表达上对输入数据的尺度并不敏感。为了提取时间序列的深度非线性特征，本节在对澳大利亚爱丽丝泉的光伏电站发电功率实际预测过程中对 LSTM 模型进行了如下改进并给出了预测结果。

（1）基于阈值引导的 iNNE 异常值检测与修复方法（TiNNE）

由于原始数据集中可能存在噪声、缺失值和异常值，这些问题若未经适当处理，将会严重影响后续预测模型的学习效果和性能。TiNNE 首先将原始数据按天划分为多个数据段，然后对每个数据段执行以下操作。

① 计算气象数据的异常值阈值。根据光伏功率数据符合正态分布的程度，动态调整气象数据的异常值阈值。

② 计算气象数据的异常值分数。通过在多维空间中使用超球体切割来识别数据异常，并依据局部分布特性和最近邻距离比率计算异常值分数。

③ 检测并修复气象数据的异常值。如果样本数据的异常值阈值大于异常值分数，则样本正常；反之则样本异常。对于异常样本使用局部平均法进行修复，即用异常样本两侧正常样本的平均值来替换异常值，以此来平滑数据并降低噪声。

综上，TiNNE 算法在保证对复杂时间序列数据进行高效、精确异常检测的同时，还能自动完成异常值的修复工作，为后续预测模型的学习效果和性能提供了保障。图 10-12 给出了 TiNNE 异常值处理效果。

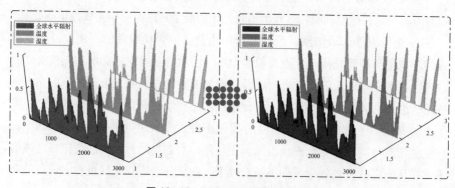

图 10-12　TiNNE 异常值处理效果

（2）对 LSTM 模型的优化改进

传统的 RNN 存在梯度爆炸的问题，这限制了其在处理长序列时的性能。而 LSTM 的提出正是为了克服 RNN 在处理长序列时遇到的梯度爆炸问题。尽管 LSTM 在处理长序列数据方面取得了显著的进展，但 LSTM 在进行某一时刻的预测时仍然面临着如何选择合适的输入序列长度的挑战。例如在进行光伏发电功率预测时，较长的光电输入序列可以提供更全面的全局特征，但也可能导致模型的注意力分散，导致难以捕捉到与预测值邻近的特征。与此相反，较短的光电输入序列虽然能够专注于局部特征，但又可能导致全局信息的丢失。

为了充分利用光电输入序列数据中的全局和局部特征，我们可以在传统的 LSTM 模型基础上设计一种双模态特征融合网络，使其能够并行处理及有效提取光电输入序列中的全局与局部特征。此外，还可以引入一种具备环境自适应功能的智能融合门机制，以此来实现全局与局部特征的智能融合。

这种加入了双模态特征融合网络和智能融合门机制的 LSTM，可以被称为自适应特征融合长短时记忆（AFF-LSTM）网络，它不仅能够增强数据特征提取的全面性，还能提高模型对数据变化的适应能力。

AFF-LSTM 体系结构如图 10-13 所示，它的 LSTM 层由两个并行的通道组成：一个是全局特征感知通道用于提取全局特征；另一个是局部特征感知通道用于提取局部特征。这两个通道分别将提取到的全局特征和局部特征存入各自 LSTM 层输出的隐状态，并通过智能融合门机制来结合光电输入序列的全局与局部特征。最终通过全连接层输出预测结果。

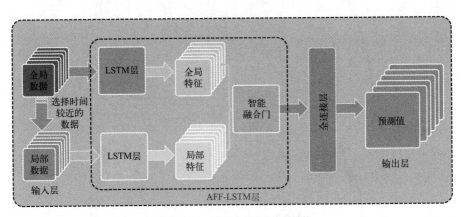

图 10-13　AFF-LSTM 体系结构

通过这种独特的体系结构，AFF-LSTM 能够根据序列数据的特点调整对全局和局部特征的重视程度，从而整合这两种具有互补性质的特征，达到提高光伏发电功率的预测精度和鲁棒性目的，并在各种时间尺度的序列预测任务中取得更好的性能。

与 10.2.2 节相似，采用 LSTM 对光伏发电功率进行预测也需要利用优化算法对模型超参数进行有效搜索与优化。光伏发电预测模型的训练流程如图 10-14 所示。

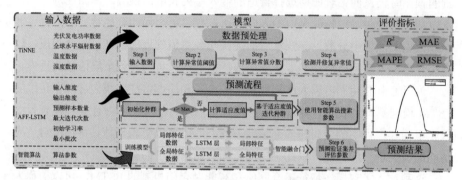

图 10-14　光伏发电预测模型的训练流程

（3）实际预测结果

图 10-15 所示为使用训练好的 AFF-LSTM 模型对澳大利亚爱丽丝泉的光伏电站的四种典型天气进行光伏发电功率预测的结果。

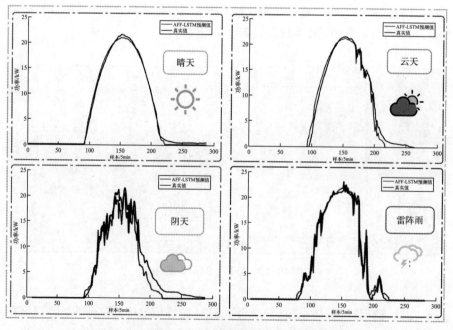

图 10-15　AFF-LSTM 模型预测光伏发电功率的结果

由图 10-15 可知，AFF-LSTM 模型的预测曲线与不同天气条件下光伏功率的真实值曲线都非常贴合，表明该模型能够有效预测不同天气条件下的光伏功率，具有广泛的适用性。表 10-3 给出了光伏发电功率的预测评估结果。

表10-3　使用AFF-LSTM预测光伏发电功率的结果

天气	评价指标			
	R^2/%	MAE	MAPE	RMSE
晴天	99.72	0.34	1.2	0.49
云天	99.33	0.41	1.04	0.66
阴天	98.26	0.90	2.24	1.29
雷阵雨	98.86	0.62	0.61	1.24

10.4　本章小结与练习

本章通过剖析深度学习在新能源发电预测领域的应用，尤其是风力和光伏发电预测的关键技术，旨在展现深度学习在提升预测准确性和效率方面的显著作用。

（1）深度学习在风力发电预测中的应用

在风力发电功率预测中，考虑到风力发电的间歇性与波动性，以及易受外界环境（如风速、风向、温度、气压等）影响的特点，深度学习模型需要具备强大的时间序列分析能力和特征提取能力。以下是构建风力发电功率预测模型时的主要步骤和考虑因素。

① 数据降维。鉴于风电功率相关特征的非线性和复杂性，本章介绍了T-SNE 这一非线性降维方法。T-SNE 通过最小化高维与低维空间中数据点间相似度概率分布的差异，成功地将高维特征映射到低维空间，同时保持了数据点之间的相似关系。这种方法在处理复杂度高、异常值多、非线性强的风电数据时表现非常出色，为风电功率预测模型的构建提供了有力的数据预处理支持。

② LSTM 模型的优化改进。为了进行复杂的风力发电功率预测，对长短时记忆（LSTM）网络进行了精细化的优化和改进。特别是引入了注意力机制（attention mechanism），该机制能够动态地调整模型对不同时间步信息的关注程度。通过这种注意力机制，模型能够自适应地学习并识别输入序列中哪些部分对于当前的预测任务具有更高的重要性。这种改进不仅增强了模型的表现

力，使其能够更准确地捕捉风电数据的复杂动态特性，同时也提升了模型的泛化能力，使其在面临各种风力条件时都能保持稳定的预测性能。

③ 模型的训练与评估。利用历史数据和实时数据对模型进行训练，并采用适当的评估指标（如均方误差、均方根误差、相关系数等）对模型的预测性能进行评价。同时需要注意模型的泛化能力，确保模型在不同环境条件下都能保持良好的预测性能。

（2）深度学习在光伏发电预测中的应用

在光伏发电功率预测中，由于光伏电池的效率受到光照强度、温度等多种因素的影响，深度学习模型需要能够准确地捕捉这些因素与发电量之间的复杂关系。以下是构建光伏发电功率预测模型时的主要步骤和考虑因素。

① 数据预处理。针对光伏发电数据的特征，本章提供一种基于阈值引导的 iNNE 异常值检测与修复方法，保证在对复杂时间序列数据进行高效、精确异常检测的同时，还能自动完成异常值修复工作。

② 对 LSTM 模型的优化改进。为了有效提升 LSTM 处理光伏长序列数据的能力，本章引入了一种自适应特征融合长短时记忆（AFF-LSTM）网络。AFF-LSTM 通过双模态特征融合网络可以并行提取输入序列的全局和局部特征。该网络包含全局特征感知通道和局部特征感知通道，能够通过智能融合门机制智能地融合这些特征。这种设计旨在全面提取数据特征并增强模型对数据变化的适应性。

③ 模型的训练与评估。与风力发电功率预测类似，光伏发电功率预测模型的训练也需要利用历史数据和实时数据，并采用适当的评估指标对模型的预测性能进行评价。同时，还需要注意模型的鲁棒性和稳定性，确保模型在光照条件变化时仍能保持良好的预测性能。

本章练习

1. 新能源发电主要包括哪些类型？新能源发电面临的主要挑战是什么？

2. 新能源功率预测模型建立的基本流程是什么？如何评估新能源发电预测模型的性能？请至少列举出三个评估指标。

3. 请简述长短时记忆（LSTM）网络是什么及其在新能源发电预测中的应用。

4. 请说明实时预测和动态调整在未来新能源发电预测技术中的重要性。

5. 未来在新能源发电预测领域，深度学习技术有哪些预期的发展趋势？

6. 实践本章的深度学习在风力发电和光伏发电功率预测上的应用。

参考文献

[1] 杨海亭，白伟，胡运冲. 分布式光伏发电接入智能电网功率预测模型优化研究 [J]. 电工电气，2024(04):1-9.

[2] 王文文，刘向杰，孔小兵. 风力发电控制系统的实时非线性经济模型预测控制 [J/OL]. 系统仿真学报：1-12[2024-05-13].

[3] 余铮，金波，焦尧毅，等. 基于混合深度学习的短期风电预测研究 [J]. 武汉理工大学学报（信息与管理工程版），2024, 46(01):170-174.

[4] 王宁，郭梓昱，田淑珂，等. 基于融合特征 T-SNE 降维的控制图质量异常模式识别 [J/OL]. 系统工程理论与实践：1-17[2024-05-13].

[5] 谢小瑜，周俊煌，张勇军，等. 基于 W-BiLSTM 的可再生能源超短期发电功率预测方法 [J]. 电力系统自动化，2021, 45(08):175-184.

[6] Wolfgang Palz. 光伏的世界 [M]. 长沙：湖南科学技术出版社，2015.

DEEP LEARNING

附录

书中的常用词汇中英文对照表

英文缩略语	英文	中文
AI	artificial intelligence	人工智能
ASPP	atrous spatial pyramid pooling	空洞空间金字塔池化
BGD	batch gradient descent	批量梯度下降
BP	back propagation	反向传播（算法）
CMN	cepstral mean normalization	倒谱均值归一化
CNN	convolutional neural networks	卷积神经网络
DL	deep learning	深度学习
DCT	discrete cosine transform	离散余弦变换
FCN	fully convolutional network	全卷积网络
FFT	fast Fourier transform	快速傅里叶变换
HE	histogram equalization	直方图均衡化
GAM	global attention mechanism	全局注意力机制
GAN	generative adversarial networks	生成对抗网络
GMM	Gaussian mixture model	高斯混合模型
LPCC	linear prediction cepstral coefficients	线性预测倒谱系数
LSTM	long short-term memory	长短时记忆网络
MBGD	mini-batch gradient descent	小批量随机梯度下降
MFCC	Mel-frequency cepstral coefficients	梅尔频率倒谱系数
MLP	multilayer perceptron	多层感知机
NLP	natural language processing	自然语言处理

英文缩略语	英文	中文
ANNs, NNs	artificial neural networks	人工神经网络
ONNX	open neural network exchange	开放神经网络交换
RNN	recurrent neural networks	循环神经网络，递归神经网络
SGD	stochastic gradient descent	随机梯度下降
SGDM	stochastic gradient descent with momentum	动量随机梯度下降
YOLO	you only look once	YOLO 是一系列深度学习模型的名称，版本目前已经到了 v11